U0214047

“农村安全教育”系列丛书
《农村家庭财产安全》编委会

丛 书 主 编　　姜明房

本 册 主 编　　谢益荣

本册副主编　　赵鹤鸣　谢佳芳

本 册 编 审　　沈加民　邱中元

　　　　　　　蒋　原　王龑雯

全国农村成人教育培训通识课程“农村安全教育”系列丛书

全国“农村安全教育”课题研究系列读本

农村
家庭财产安全

中国成人教育协会农村成人教育专业委员会 组织编写

姜明房 谢益荣 主编

广陵书社

图书在版编目（CIP）数据

农村家庭财产安全 / 谢益荣主编. -- 扬州 : 广陵书社，2016.3
（农村安全教育系列丛书 / 姜明房主编）
ISBN 978-7-5554-0522-1

Ⅰ. ①农… Ⅱ. ①谢… Ⅲ. ①农村－家庭财产－家庭管理－基本知识 Ⅳ. ①TS976.15

中国版本图书馆CIP数据核字(2016)第050894号

丛 书 名　“农村安全教育”系列丛书
主　　编　姜明房
书　　名　农村家庭财产安全
主　　编　谢益荣
责任编辑　严　岚
出版发行　广陵书社
　　　　　扬州市维扬路 349 号　　邮编　225009
　　　　　http://www.yzglpub.com　　E-mail:yzglss@163.com
印　　刷　江阴金马印刷有限公司
开　　本　720 毫米 ×1020 毫米　1/16
印　　张　8.25
字　　数　110 千字
版　　次　2016 年 3 月第 1 版第 1 次印刷
标准书号　ISBN 978-7-5554-0522-1
定　　价　82.00 元(全 3 册)

序

张秀和

当今,中国社会进入了全面建设小康社会的历史发展阶段,整个社会特别是中国农村的富裕文明程度将有较大的提升。然而,中国社会发展的薄弱点仍然在农村,而我国农村约占国土总面积的三分之二,农村人口约占总人口数的二分之一,如果没有农村和农村人口的提高和进步,无论我国城市和工业发达到何种程度,最终的小康社会建设目标将难以达成。

一直以来,党和国家都在致力于农村条件的改善、农民生活水平的提升。广大农村经过建设和发展,正逐步走向现代与文明。今天,无论走进江南小镇还是塞北村庄,都会看到农民在吃穿住行各个方面的显著变化。电器被普遍使用,电脑与汽车在悄悄改变着农村家庭的生活方式,广场舞与健身操也成为农民日常生活的一部分。应该说,我们一直坚持的改革开放政策,给农村和农民也带来了翻天覆地的变化。但这种改变还需要进一步提速,因为农村在社会变革的宏伟蓝图中扮演着重要角色,全面小康社会目标必须以农业现代化和农民富裕为基础,中国所酝酿的国家大计必须以解决三农问题为前提。2014年,教育部、农业部共同颁布了《中等职业学校新型职业农民培养方案》,这一方案的推行和实施,标志着国家对三农的扶持由政策和物资过渡到了人才培养。人的因素在生产力中是关键因素，农村的改革和建设，最终还是要靠农民来承担，如果农民的素质上不去，一切改革都会因为找不到落脚点而不了了之。新型职业农民是能够担当现代农业经营和管理、建设和创新的高素质人才，具有高度的社会责任感、宽广的视野、良好的科学文化素养和自我发展能力、较强的农业生产经营和社会服务能力。这是国家对新时期主要从事农业生产人员的培养目标。为了实现这一目标，进一步推动这项工作开展，中国成人教育协会农村成人教育专业委员会组织有关部门和专家进行农民教育课程开发，《农村卫生安全》《农村生产安全》《农村家庭财产安全》这套丛书就是在这样的背景下诞生的。

根据生存方式，我们可以把当代农民分成两大群体，即外出打工群和务农留守群。进入发达地区工作的外出务工者，他们逐渐被环境同化，在思想文化等很多方面深受城市影响。而守着乡土的农民则相对见识少，很多人思想和观念都比较落后，容易忽略自身安全，常常因为无知而受到伤害。所以，组织编写了这套以农村安全教育为主题的丛书，将为普及各种农村安全知识，教授自我保护的方法和技巧，以避免那些不该发生的灾祸，产生积极的作用。

国家这些年一直推行惠农扶农政策，政府各个部门也都做了大量的工作，如发放知识宣传单、入驻村镇集中讲解等等，但一般只是简单的告知，知识既缺乏系统组织，也很少考虑接受者的状况和兴趣。本套丛书主要特点就是具有鲜明的教育性，从尊重和保护农民的人身财产安全出发，选择农村安全焦点问题，以浅显直白的语言讲述基本的安全常识和安全技能，同时配有生动风趣的漫画，力求农民一看就懂，一学就会。本套丛书的出版发行，不仅为农民的安全教育和新型职业农民培养提供了优秀的通识教材，也呼应了政府相关部门的三农工作，有利于农村工作的深入开展和农村精神文明的建设。

本套丛书精短实用，编写出版花费了一线教师、行业专家和出版社编辑的大量心血，是集体智慧的结晶，希望各中职学校、乡镇成人文化技术学校、农民教育培训机构、乡村政府部门要积极推广使用，以促进农民素质的提高和农村的文明建设；也希望广大的农民读者能够喜欢这套丛书，在愉快的阅读中获得知识，掌握方法，提高幸福指数。

2015 年 12 月

（本文作者为中国成人教育协会农村成人教育专业委员会理事长）

前　言

党的十八大之后，中央又召开了中央农村工作会议。会议强调，小康不小康，关键看老乡。一定要看到，农业还是“四化同步”的短腿，农村还是全面建成小康社会的短板。中国要强，农业必须强；中国要美，农村必须美；中国要富，农民必须富。农业基础稳固，农村和谐稳定，农民安居乐业，整个大局就有保障，各项工作都会比较主动。我们必须坚持把解决好“三农”问题作为全党工作重中之重，坚持工业反哺农业、城市支持农村和多予少取放活方针，不断加大强农惠农富农政策力度，始终把“三农”工作牢牢抓住、紧紧抓好。

农民是中国最勤劳、最朴实的群体，他们默默地在土地上耕种、劳作，遭受着风吹日晒，承受着强大的身体支出，是我们的国家和时代最应该关注和呵护的人。但是，由于农村地理位置偏僻，再加上大多数农民接受教育年限不足，相关知识普及不够，很多农民生活缺乏科学的指导，完全依靠简单经验，导致在各方面经常受到威胁和伤害，例如由于缺乏疾病预防知识小病积成大病，因病致贫，全家生活陷入困境。

为了普及农村安全教育知识，提高广大农民安全意识和生活质量，针对农村和农民实际，来自农村职业教育与成人教育的一线专业教师与相关行业专家一起编写了这套丛书，包括《农村卫生安全》《农村生产安全》《农村家庭财产安全》等，既可用来开展农村安全生活常识普及，也可作为新型职业农民培养的通识性教材。丛书在编写时主要遵循以下原则：

1. 浅显易懂，便于农民自学。编写时尽量避开生涩学术性的概念，选择常用词汇简述知识，句式简单，力求只要具备初等文化程度就能独立进行学习。

2. 启迪思想，促进观念转变。应用简单经验与应用科学知识是两种不同的生活方式，这其中起决定作用的是农民的观念。编写时尽量运用漫画、案例等直观生动的叙述方法，引导农民建立知识改变生活的观念。

3. 强调应用，给予方法指导。按照“为什么、是什么、怎样做”的逻辑思维组织内容，淡化原理，突出操作方法和步骤，即重点告诉农民如何去做才能保证自身安全。

4. 划分模块，适应灵活学习。在深入调查研究的基础上找到农村安全的主要问题，然后设计编写内容，这样各单元与模块都相对独立，使农民能够根据需要和兴趣进行选择性学习。

为了使教材内容贴近农民，我们多次深入农村调查走访，了解现状、问题及农民的想法。最触动我们的是一些遭受意外的家庭往往与缺乏知识相关，也正是由于这一点，我们有了强烈的责任意识，必须为农民做点什么，帮助他们了解生活生产安全常识，使他们走出误区，改善他们的境况。在这样的动机驱使下，大家认真严谨，积极寻求卫生、交通、法律等相关行业专家的指导和帮助，顺利完成了编写工作。在此，我们向那些不计名利，积极参与丛书编写工作的各行各业专家表示深深地感谢。

当然良好的态度并不能保证事情做得尽善尽美，本套丛书还有许多未尽事宜，仅供参考，具体问题还要请专家结合实际情况指导应用。欢迎读者提出宝贵的意见和建议，我们将虚心采纳。

编　者

2015 年 11 月

目 录

绪　论

一、农村家庭财产的概念

家庭财产总的分为动产与不动产两大类。农村家庭财产的动产包括现金、储蓄、股金、农副产品、生活与生产资料及其他贵重物品等。农村家庭财产的不动产包括住宅、土地承包经营权、宅基地使用权等。

二、农村家庭财产的新特点

1. 财产积累的充裕性

改革开放以来，农村家庭财产积累大幅提高。农民人均纯收入从1978年的134元提高到2014年的9892元。

同时，农民纯收入来源呈现市场化、多元化和非农化的趋势，其中以外出务工收入、参与工商业的收入及部分地区征地赔偿款的收入为主要特征。

2. 财产形式的多样性

伴随着财产积累的充裕性，农村家庭财产的形式呈现出多样性的特征。

例如，在动产方面，有些家庭成员购买了理财产品、保险产品。投资了股票、基金，参与了民间投资等。在不动产的房产一项，除了原有的自建房，还购买了商品房或小产权房；在土地这一项，从原来单纯的土地承包使用权扩大到土地承包使用权的流转等。

3. 财产流转的需求性

同样，伴随着财产积累的充裕性，农村家庭除了用于日常生活消费外，手头有了宽余的资产。出于对于宽余资产的保值需求、增值需求、盘活需求等,农村家庭对于财产有了流转的需求,如财产的买卖、抵押、借贷、投资等。

三、农村家庭财产的安全性

面临农村家庭财产这样三个新特点,了解家庭财产安全常识和增强安全意识就十分必要。

家庭财产的安全性,有两方面的含义。一方面是指对家庭财产的保管、维护安全,另一方面是指家庭财产在流转过程中的安全。

家庭财产流转中的失误,原因有两种。一种是技术性失误,即指所选择的流转产品或流转方式不科学而造成财产增值效益低甚至不保值或者取用不便;另一种是政策性失误,即指所选择的流转产品或流转方式违反了法律、法规而造成难以挽救的损失。

家庭财产的流转,目的或为了保值,或为了增值,或为了盘活资产等。无论出于何种目的,无论采取何种流转方式,都要面临机遇与风险两方面的问题。如何充分用好机遇,如何避免失误,是本书要介绍的主要内容。

《农村家庭财产安全》读本,由谢益荣主编,绪论由蒋原编写,第一、二、三章由谢佳芳编写,第四、九章由赵鹤鸣编写,第五、七章由邱中元编写,第六章由沈加民编写,第八章由王龑雯编写。

第一章　银行储蓄

中国的老百姓多有储蓄的传统。过日子，得节省着点儿，今天挣的钱不能都花光了，得积攒一部分以备将来的开销，像购房、看病、子女上学、自己养老，都需要大笔开支，都得事先积蓄准备。节省出来的钱放在哪里呢？放在家里不安全，投入股市风险又太大，还是存进银行吧，图个安全稳妥。本章就储蓄品种的多样性、各类存款收益的差异性、存款保管的安全性等问题进行介绍，并向农民展示了利用转账、银行卡、电子银行等现代化手段给日常交易和生活带来极大的便利。

第一节　储蓄品种巧搭配

商业银行开办了许多种储蓄存款业务。作出决定之前，您应当先了解人民币储蓄存款的常见种类。

活期储蓄。1元起存,多存不限,开户时由银行发给存折,凭存折随时存取,每季度计付一次利息。储蓄存款的优点是存取灵活方便,但利息一般不会太高。

定期储蓄。人们常说的“定期”一般是指整存整取类的定期储蓄存款:50元起存,多存不限。一次存入,约定期限,存款期限分三个月、半年、一年、二年、三年和五年,存款期限越长,利率越高。由银行发给存折或存单,到期凭存折或存单支取本息。

定活两便储蓄。不确定存款期限,可以随时支取;一般为50元开户起存。利息与活期储蓄的利息相比有一定优越性:存款期限不足三个月的,按支取当日挂牌的活期储蓄利率计付利息;存款期限在三个月以上但不足半年的,按支取当日定期整存整取三个月利率打六折计息;存款期限在半年以上但不满一年的,按支取当日定期整存整取半年期利率打六折计息;存款期限在一年以上的,无论存款期限多长,一律按支取当日定期整存整取一年期利率打六折计息。

零存整取储蓄。每月固定存入一定金额,存款金额由储户自定;存款期限分一年、三年、五年几种;每月存入一次,中途如有漏存,需在次月补齐。

教育储蓄。它是一种特殊的零存整取定期储蓄存款,积蓄的资金用于现在为小学四年级(含四年级)以上的在校生将来接受非义务教育(指九年义务教育之外的全日制高中、大中专、大学本科、硕士和博士研究生教育)。50元起存,每份本金最高限额为2万元,存款期限分一年、三年、六年。

其他储蓄。如存本取息、定期储蓄存款、通知存款、整存零取存款等。限于篇幅,不能详细介绍每种储蓄存款的情况。读者可以去各家商业银行的柜台或者访问各家商业银行的网站,能够很方便地获取各种储蓄存款的资料。

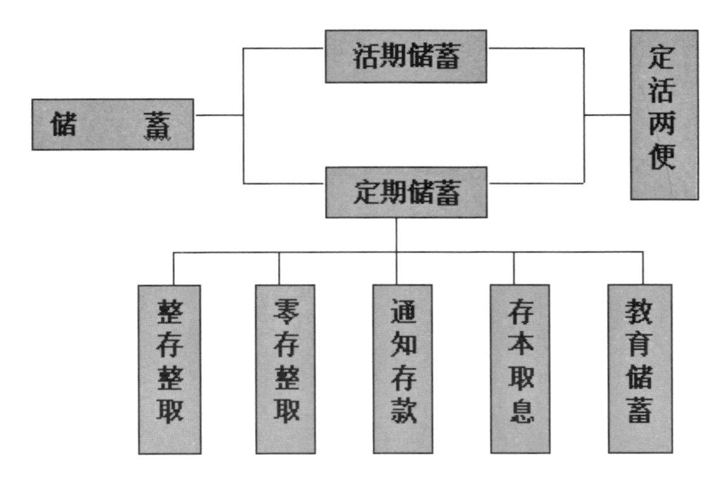

商业银行为您提供如此多的储蓄存款业务，哪一种最适合您？如何为自己选择最合适的储蓄品种组合呢？

首先，您需要明确储蓄的目标。既然选择储蓄，图的就是一个安全稳妥，所以选择储蓄品种时，应当首先考虑它的方便与适用，在此基础上，再考虑怎么去获得更多利息。

日常的生活费、零用钱，由于需要随时支取，最适合选择活期储蓄；而且，日常开支比较有规律，活期储蓄的数额比较容易确定，一般只要能维持两三个月到半年的日常开支即可。

除去日常开支，如果每月还有一小笔结余，不妨考虑选择零存整取储蓄存款。积零成整，积少成多，这种方式适合那些收入稳定的工薪阶层。

如果近期要用一笔钱，但又不能确定具体日期，可以选择定活两便储蓄。既可随时支取，利息也比活期储蓄高。

将时间再放长一点。如果有一笔积蓄在较长时间内不会动用，您可以考虑整存整取定期存款，以便获得较高的利息，存款期限越长，利息越高。但定期存款也有缺点，就是不能像活期存款那样随时提取，当定期存单没有到期而您又急着用钱时，您可以提前支取，但会有利息损失。所以，您应当事先考虑未来三五年内可能会发生的大额支出，将定期存款的储蓄期与发生大额支出的时间相对应，避免急需用钱而定期存款却未到期的困窘。

第二节 银行存款保全的两个要点

1. 牢记密码很重要

当您去银行存款时，可选择凭密码支取，以后每次取款都需要输入先前既定的密码。您自己掌握密码，一般不会轻易示人，所以即使有人偷了您的存折或存单，只要不透露密码，他是取不出钱来的。

密码一般由六位数字组成，您最好是选择一些有特殊意义的数字组成，这样比较容易记住。但最好别用生日、电话号码之类的数字，因为很容易被别人猜到。

如果您不经常取钱，难得用上密码，时间久了，真有可能记不住那几个数字了。如果真忘了密码，也别太担心，只要及时携带身份证等有效证件到开户银行办理挂失手续，几天以后银行就会让您为您的存款重设密码。

2. 注意物价因素

选择储蓄，主要图的是本金的安全，存进的钱过一段时间后能分文不少地取出来，还有一笔额外的利息。可别得意，这里面还有些“蹊跷”。举个例子：三年前老李去银行办了1000元钱的定期存款，年利率是5%，那时候物价水平比较低，大米才1元1斤，老李的存款够买1000斤大米。随后的三年里，物价涨得很快。等到老李的存款到期时，连本带息一共有1157.63元，可这时的物价也已经今非昔比，大米价格涨到了1.5元一斤，老李的那点本息加起来就只能买771.75斤大米了，购买力明显不如以前。您看，存款本金是一分不少，利息也蛮可观，可物价涨得太快，财富就在无形中损失了。

理论上将银行执行的存贷款利率称做名义利率，将其扣除通货膨胀（涨价）以后算出的利率，叫做实际利率。一个简单的计算公式为：

实际利率＝名义利率—通货膨胀率

实际利率才是真正衡量财富购买力变化的重要指标。如果银行的存款利率是5%，而同期的通货膨胀率达到10%，这时将钱存进银行就非常不划算，最好考虑其他的投资渠道，让财富真正实现保值增值。

第三节　让您省心的转账、代理业务

一笔资金从一个地方转移到另一个地方，有两种方式：一是直接携带现金，一是办理转账。众所周知，直接携带大量现金是非常不安全的，所以办理转账将会是大多数人的正确选择，转账的形式有以下几种方式可供选择。

网上银行。如今许多商业银行纷纷开设网上银行，推出网上资金转账业务。只要开通网上银行业务，就能方便地享受网上资金转账服务。这项业务的好处是不必出家门，不必去银行柜台，方便而快捷，特别适合那些现金流动频繁的人士。

自动柜员机（ATM）。银行的自动柜员机除了开通查询、取款等业务外，有些还设有存款和转账功能。如果要将款项划转给他人，只需知道对方的银行卡卡号就足够了。

电子汇兑。如果要将您手中的存款划转到其他账户，可以利用银行的电子汇兑业务。无论收款人在同城还是异地，在本行或是他行开立账户，您带着存折或借记卡到开户银行的网点通过办理电子汇兑业务，即可将您在银行账户的款项直接转入对方银行账户中。

跨行通存通兑。跨行通存通兑业务是人民银行在小额支付系统平台上开放的一项便民服务功能。这项业务开通后,您只要在一家银行开立了存折或银行卡账户,就可以在其他银行之间(即使不是开户的银行)方便地办理存款、取款和转账业务。比如您的存折或银行卡是工商银行的,您也可以到农业银行去办理存款、取款和转账业务。

目前,许多商业银行发挥网点多、业务系统发达的优势,开展代理业务,极大地方便了群众。目前,银行能够办理的代理业务主要有以下几种:

领工资。以前,您领取工资,要到所在的单位领取现金,现在就不用了,只需开立一个银行账户,单位就可以通过银行定期将工资划入您的账户。

交费。只要您在银行账户里有足够的资金,银行就会按您的指令,把诸如水费、电费、电话费、燃气费甚至子女的学费等,划转到收费单位的账户。

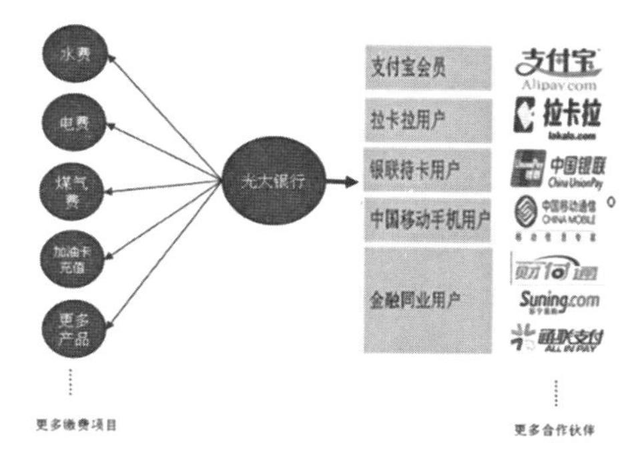

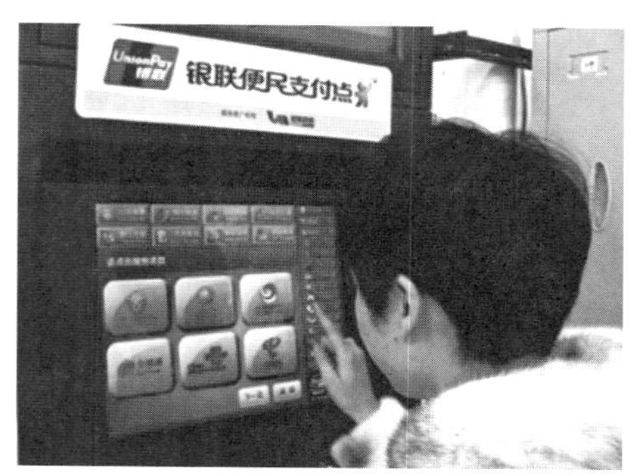

上面这些业务属于银行的代收、代付业务。除此之外,银行的代理业务还有:

代理承销和兑付债券。银行代理发行债券,代为兑付债券的利息和本金,代办股票、基金的开户以及资金转账。

代理保险。银行接受保险公司的委托,代为销售保险产品,代收保险费,代付保险金。

代理保管。您如果有什么贵重物品,觉得放在家里不安全,可以到银行租个保险箱，银行只收取一定的手续费。

第四节 银行卡使用小知识

银行卡分为借记卡和贷记卡。在国内，人们比较熟悉的是借记卡，即先存款、后消费、不能透支。信用卡属于贷记卡，即允许持卡人在一定额度内透支，先消费，后还款。以前，国内各家银行发行的银行卡不能跨行通用，在中国银联（国内的一家银行卡跨行清算组织）和各发卡机构的共同努力下，国内的银行卡实现了跨行通用。如今，您只需携带一张小小的银行卡，就可以实现“一卡在手，走遍全球”的梦想。过去购物消费，一手交钱，一手交货，若是遇到成千甚至上万元的消费，携带如此多现金不仅不安全，而且还要现场点钞验钞，费时费力，很麻烦！现在购物消费，一手刷卡，一手提货，比过去方便和快捷多了。一张薄薄的银行卡，就有如此神奇的功效！

*如何选择银行卡？*挑选银行卡前，您应当先了解银行卡的种类，各类银行卡具有哪些功能，自己的需求是什么，综合考虑这些因素之后再作挑选。如果是信用卡，还需要考虑相应的利率、年费、延期付款等一些细节。要特别注意仔细阅读发卡机构的信用卡领用合约。

*利息怎么计算？*银行卡内存款的利息按活期利率支付，计算方法与活期储蓄存款类似，常常使用日利率；计算存款期限时，与活期储蓄存款类似，常常使用日利率；计算存款期限时，从存入日起算到支取的前一天为止，算头不算尾。信用卡如果有透支，您一定要记着及时还款，否则会多付利息。

*银行卡丢了怎么办？*不必紧张。您赶紧持本人的有效身份证件到发卡行的营业网点办理挂失手续，将卡号等资料告诉银行，交纳一定的挂失手续费，几天后就能获得一张新卡。需要注意的是，银行一般规定，信用卡在挂失之前以及发卡机构受理挂失起 24 小时之内的一切经济损

失由持卡人自己负责，所以您还是要慎重保管好您的信用卡。

密码忘了怎么办？在申请银行卡时，银行为您“分配”了一个密码，您可以将它改成自己熟悉的密码。如果哪一天想不起密码来，您凭自己的有效身份证件和银行卡，向发卡银行书面申请密码挂失，一般7天后就可以办理重置密码了。

避免信用卡恶意透支。对信用卡，银行允许善意透支，不过有额度和时间上的限制。如果超出限制，银行就可能认为您在恶意透支，轻则罚款，重则让您吃官司，您的信用记录也会增添一个污点，一旦有此污点，下一次要取得银行信任就不那么容易了。因此您在使用信用卡时，请养成按时还款的习惯，避免恶意透支。

最好不要将身份证与银行卡放在一起，不要将密码写在卡上，妥善保管银行卡，尤其要避免损坏卡上的磁条。

当持卡人在ATM机取款或POS机上刷卡消费时，难免遇到网络故障、通讯线路不通或其他异常情况，这时不要惊慌，因为你的钱不会丢失，它只是暂时存放在某家银行。银行对账后如发现错账，会自动将款项退还给您。您还可以通过查询、投诉的方式解决银行暂时无法核对的错账，督促银行及时退款。

第五节　足不出户的享受：电子银行、网上银行

科技的发展促成了银行服务渠道的创新，给人们创造了更加舒适和方便的生活。电子银行使您足不出户就能获得便利的金融服务。您不必亲自跑到银行网点，只需通过网络、电话、ATM、POS机等终端设备，就可以办理存贷款、转账、汇款等传统柜台业务。不但如此，您还能通过上网轻松购物、自动转账、每天24小时汇款。

方便查询。单位发了工资、家里寄来一笔钱，您不知道钱到账了没有。碰到这样的情形，您不必亲自跑到银行去查询，您只需登录银行的网站，就能获知账户信息，有些银行还能为您提供历史交易明细，甚至是工资单。如果上网不便，您可以打个银行专用热线电话或者发送短信，也可以随时获得账户信息。

不间断服务。传统的银行网点每天只提供 8 小时服务，而电子银行则随时满足您的需求。

自动支付。电子银行专门为用户开设了代理交费业务，您只需访问银行网站或者打个电话，为自己设置代理交费功能，电子银行就会自动为您交纳选定的费用。电子银行还开设预约周期转账业务，通过您设定的转账周期和金额，自动将指定金额划转到您指定的账户里，此业务适合定期归还住房贷款或者汽车贷款。有的电子银行具有协定金额转账功能，比如，您可以设定当您子女的账户不到 1000 元时，由您的账户自动转去一笔钱，让子女的生活费得到保证。

尽管银行采取了许多措施来保证网上银行的安全，但人们还是要树立必要的安全防范意识。

温馨提示

一、确保计算机的安全。不要下载或打开一些来路不明的程序、游戏或邮件，另外尽量不要使用公共场所（如网吧、图书馆）的电脑登录网上银行，因为那些电脑里可能事先埋伏木马病毒。

二、正确操作。最好直接输入网址登录，注意识别虚假网站。每次使用网上银行后，不要只关闭浏览器，还要点击页面上“退出登录”结束使用。

三、不要向任何人透露自己的用户名、密码或任何个人身份识别资料，若有人通过电子邮件、短信、电话等方式索要卡号和密码，请格外保持警惕。将网上银行登录密码和用于对外转账的支付密码设置为不同的密码，不要在计算机上保存密码，确保密码不容易被别人猜到。

◎**案例分析**

正面:巧用信用卡理财

当下分期购物开展得是风生水起,从大件的电脑、液晶电视到小件的服饰、日用消费品,几乎大部分都可以通过信用卡分期付款。

案例一:高先生、许小姐是典型的都市月光族,平日花钱不少,存钱不多。两人近日结婚后经朋友指点,巧用信用卡分期付款,将滚筒洗衣机、双开门冰箱等大件心仪物件抱回家,还特别为看今年的世界杯抱回了一台等离子彩电。两人用自己的中信信用卡在苏宁、国美等商场刷卡消费21000元,分12期还款,每月只要还款一千多,这对月收入近万的他们来说就很轻松了。

案例二:小陈是酷爱旅游的时尚一族,五一前,他通过携程旅行网预定了中信信用卡用户才能享用的“免息分期自由行”产品,成功踏上马尔代夫,实现了他多年来出国一游的梦想,而且这次梦想的实现简单得出乎他的预期:五天三晚的行程,机票住宿全部打包总共才花近6700元钱,现在他仅需要在12个月内每月付给银行558元就行了。

点评:对于广大消费者来说,玩转分期购物,分的是每次的付款金额,增的是他们对于生活质量的期望和实现;有了这么几招锦囊妙计,不管是液晶电视、出国旅游,还是借“卡”生钱,就不仅仅是个想法而已了!

反面:信用卡使用误区多多

信用卡作为便捷的小型信贷消费和支付工具,为持卡人提供方便快捷的消费生活的同时,一些用卡误区也随之出现,下面笔者将以小案例的形式为大家展现。

误区之一:信用卡越多越好?小菲热衷于申请各种各样的信用卡,钱包被十多张各具特色的信用卡塞得满满的。这些信用卡有的卡版设计得特别漂亮,有的填写申请表就送精美礼物,有的在特定商家消费时可以享受最低折扣。在这些特色吸引下,小菲申办了一张又一张信用卡,需要的时候轻轻松松掏出其中一张刷卡埋单。但是到了该还款的日子，小菲就开始头痛，这么多卡，她记不清到底哪张需要还，该还多少钱。

专家建议：如今，很多银行都根据其市场定位推出具有特色功能和附加服务的信用卡，申请信用卡的优惠也越来越多，许多消费者被吸引办理了很多张卡。但是信用卡并不是多多益善。首先，手头的信用卡太多，会导致消费过于分散，卡内的积分不易积累在一起，难以享受银行推出的积分换礼服务或者卡片升级服务。其次，过多的信用卡会让持卡人容易混淆各张卡消费了多少金额，还款期是什么时候。如果不能做好还款规划，很容易产生还款不及时，给信用记录带来影响。建议持卡人根据自己的消费需求选择适合自己的信用卡，保留一两张常用的信用卡即可。

误区之二：让信用卡“睡大觉”？王先生的信用卡只用过几次，就被锁进抽屉里“睡大觉”。因为他觉得每次刷卡后都要记着去还款，不如直接使用现金来得方便。近期，王先生去银行办理房贷业务的时候，发现自己竟然有信用卡逾期还款记录。原来是被自己遗忘在角落的信用卡还有一笔消费没有还清，王先生后悔不已。

专家建议：有的人办理信用卡之后长期不使用，久而久之，持卡人很容易将卡片遗忘，甚至记不清是否还清了所有欠款，容易造成逾期还款记录。既然办理了信用卡，不妨多加以利用。与现金相比，信用卡具有“先消费，后还款”的理财优势，便于持卡人资金周转，刷卡还能享受发卡机构提供的各种折扣、积分、促销活动。像王先生遇到的情况，如果他能够一直保持良好的用卡情况，是可以帮信用记录“加分”的。如果确实没有使用信用卡的需要，可还清欠款后注销，不要任凭信用卡躺在角落里“睡大觉”。

误区之三：用一张信用卡去还另外一张信用卡？电视剧《丑女无敌》里的裴娜外号叫“卡付卡”，因为她总是用一张信用卡去还另外一张信用卡。现实生活中，也有不少人因为过度消费，沦为“卡付卡”一族。

专家建议："卡付卡"状态其实非常危险，一旦其中一张卡出现无法按时还款的情况，其他的卡都会受到影响，形成不良信用记录，对持卡人经济和生活的方方面面造成影响。而且，为了实现"卡付卡"，持卡人每个月要投入相当多的时间去周转每张信用卡的额度，从长远来看，这是一笔不小的时间成本。对青年人来说，不如把这些时间用于开拓事业和提升自我能力，赚取更多的财富。建议持卡人建立理性的消费观和良好的理财习惯，在消费能力范围之内合理使用信用卡，避免过度消费。

误区之四：利用信用卡做短线投资？这两年股市大热，小陈在朋友的鼓动下也跃跃欲试，可是苦于没有本钱。有朋友给小陈出主意，先用信用卡取现，投入到股市中炒短线，赚钱了再还款。小陈正打算这么尝试的时候，股市出人意料地大跌，小陈庆幸之余捏了一把冷汗。

专家建议：信用卡是一种消费信贷的工具，持卡人可以先消费后还款，享受一定免息期，也可以取现来应急。但是，不建议持卡人利用信用卡作短线投资，因为投资有风险，没有百分百保证盈利的投资，一旦造成无法正常还款，可能影响到今后个人的信用记录，造成较严重的后果。建议持卡人科学分配用于日常消费和用于投资的资金，不要因为风险而影响正常的生活。

第二章　股票、债券、基金

股票、债券、基金是社会主义市场经济条件下资本市场的几种主要金融产品。它既可以为农民朋友手中的钱财带来较大的增值机遇，同时也可能带来风险。本章将做一个简略的介绍，帮助大家了解这些有用的资产保值增值渠道。

第一节　股票

1. 股票的含义及特点

股票是股份公司发给出资者的投资入股的证书和索取股息、红利的凭证。

股票具有以下基本特征：

不可偿还性。股票是一种无偿还期的有价证券，投资者认购了股票后，就不能要求退股，只能到二级市场上转让。股票的转让只意味着公司股东的改变，并不减少公司资本。从期限上看，只要公司存在，它所发行的股票就存在，股票的期限等于公司存续的期限。

参与性。股东有权出席股东大会，选举公司董事会，参与公司重大决策。

收益性。股东凭其持有的股票，有权从公司领取股息或红利，获取投资的收益。股息或红利的大小，主要取决于公司的盈利水平和公司的盈利分配政策。

流通性。股票的流通性是指股票在不同投资者之间的可交易性。

风险性。股票在交易市场上作为交易对象，同商品一样，有自己的市场行情和市场价格。由于股票价格要受到诸如公司经营状况、供求关系、银行利率、大众心理等多种因素的影响，其波动性有很大的不确定性。正是这种不确定性，有可能使股票投资者遭受损失。价格波动的不确定越大，投资风险也就越大。

2. 股票买卖“三部曲”

要投资股票，您得事先知道股票的买卖程序。与传统的一手交钱、一手交货的买卖方式相比，股票买卖程序略显复杂，简单地说，就是开户、委托、交割“三部曲”。

开户。要进入股市，首先需要“通行证”——账户。凡年满18岁的中国公民，只要不是国家法律禁止的自然人，均可凭有效身份证明到证券公司营业部营业柜台申请开立证券账户和资金账户。目前证券账户因投资品种不同分为四种：一种用于A股、债券和封闭式基金交易，一种用于开放式基金投资，一种用于B股交易，一种用于三板证券交易。证券账户相当于一个证券存折，记录投资者持有的证券种类和数量。资金账户相当于一个资金存折，记录投资者存放于证券公司买卖证券的资金数量。在我国，投资者要参与证券买卖，前提是必须在资金账户上存放足够的保证金。现在这个资金账户都由客户选择的银行进行托管，安全可靠。

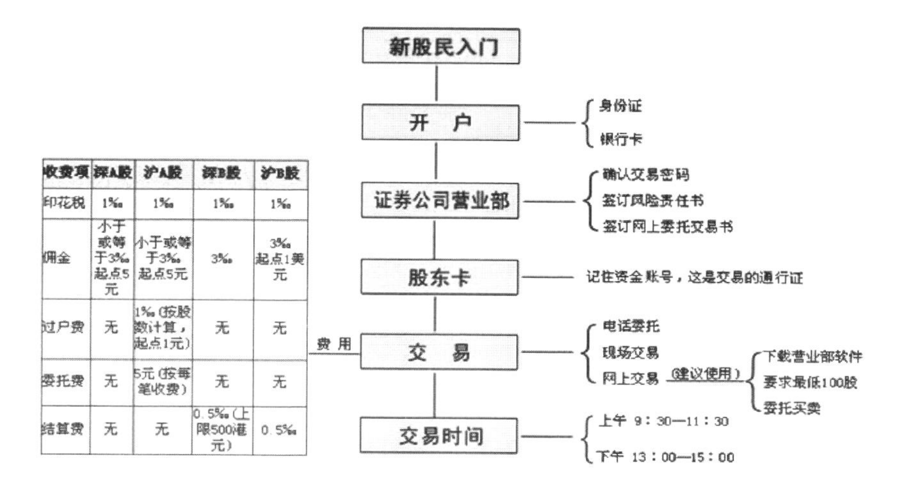

收费项	深A股	沪A股	深B股	沪B股
印花税	1‰	1‰	1‰	1‰
佣金	小于或等于3‰起点5元	小于或等于3‰起点5元	3‰	3‰起点1美元
过户费	无	1‰（按股数计算，起点1元）	无	无
委托费	无	5元（按每笔收费）	无	无
结算费	无	无	0.5‰（上限500港元）	0.5‰

委托。普通投资者不能直接进入证券交易所买卖股票,需要委托证券交易所的会员(即证券经纪商)代理证券交易。投资者决定买卖股票时,要向证券经纪商发出委托指令,内容包括证券名称、代码、买入或卖出的数量、买卖价格。在过去,投资者需要到证券经纪商的营业柜台填写书面委托单,现在方便多了,打个电话或者用电脑就能轻松完成委托。证券公司接受委托后,将委托指令传送到证券交易所的电脑里进行自动撮合。在成交以前,投资者随时可以撤销委托,一旦成交则不能反悔。

交割。股票买卖双方通过结算系统实现交易。投资者要买股票时,资金账户上必须有足够的钱;而要卖股票时,证券账户上必须有足够的股票。现在,我国的证券市场已经实现电子化交易,实物股票已经不再流通,投资者的证券账户被记录在电脑里,证券登记结算机构只需要更改证券账户的电子数据,就能完成交割手续。目前我国证券市场A股实行“T+1”制度,即当天买卖,次日交割。

3.“红了!绿了!”教您看行情

代码	名称	最新价	涨跌幅	昨收	今开	最高	最低	成交量	成交额
603618	N杭电	16.78	44.03	11.65	16.78	16.78	16.78	820.00	1375960
603222	N济民	10.60	44.02	7.36	10.60	10.60	10.60	468.00	496080
603939	N益丰	28.04	44.02	19.47	28.04	28.04	28.04	428.62	1201850
603898	N好莱客	28.18	44.00	19.57	23.48	28.18	23.48	191.00	536828
600217	秦岭水泥	11.06	10.05	10.05	10.70	11.06	10.20	154240.03	167964181
600708	海博股份	12.38	10.04	11.25	11.39	12.38	11.38	456123.63	556030408
600823	世茂股份	15.90	10.03	14.45	14.66	15.90	14.61	232202.56	359898278
600053	中江地产	9.87	10.03	8.97	9.00	9.87	8.88	142829.05	135426074

更新时间: 2015-02-17 20:14:31

如果您是股民,一定对上面这个表非常熟悉。这就是股票交易行情显示图。

当前最新价,指的是刚刚达成交易的成交价格。

涨跌与涨跌幅,是当前最新价与前一天收盘价的比较,如果是涨了会用红色字显示，如果是跌了则用绿色字显示。涨跌一栏显示涨跌的绝对数（当前价－昨日收盘价），涨跌幅一栏显示的是百分比［（当前价－昨日收盘价）/昨日收盘价］。

开盘价，开盘后第一笔买卖的成交价格。与之相对应的是收盘价，即最后一笔买卖的成交价格。

最高价，这是当日产生的最高成交价格。

最低价，这是当日产生的最低成交价格。

成交量，这是开盘后截至当前该种股票的成交数量。股票交易的最小单位是手，1 手为 100 股。成交量能够显示一种股票成交的活跃程度，它与交易量有所区别。例如，某只股票成交量显示为 100 手，表示买方买进 100 手，同时卖方卖出 100 手，如果要计算交易量，则是将买入数量与卖出数量加总为 200 手。

成交金额，是股票成交数量与成交价格乘积的加总。

此外，记录股票涨跌行情的“K 线图”，也是一种重要的股票技术分析工具。

4. 不可忽视的投资成本

投资者进行证券交易时，需要向有关机构缴纳一定的费用，大致上分为开户费、佣金、印花税、过户费四类。

开户费。个人投资者，如果要投资上海证券交易所挂牌的 A 股，开户费为每户 40 元；如果要投资深圳证券交易所挂牌的 A 股，开户费为每户 50 元。

佣金。这是投资者在委托买卖成交后需要支付给证券公司的费用。目前，两个证券交易所 A 股、基金和权证的佣金费用标准是一致的：起点为 5 元，最高不超过成交额的 3‰。可转换债券、国债和企业债券的佣金不超过成交金额的 1‰。

印花税。这是投资者在买卖成交后支付给财税部门的税款。从 2005 年 1 月 24 日起，投资上海证券交易所挂牌的股票及深圳证券交易所挂牌的股票均须按单项成交金额的1‰支付。债券与基金交易均免交此项税金。

过户费。这是股票成交后,更换户名所需支付的费用。投资者投资上海证券交易所挂牌的A股、基金才有此项费用,按成交金额(以每股为单位)的1‰支付。

上述证券交易费用标准时常有所变动,投资者要注意查询上海证券交易所和深圳证券交易所的官方网站,从中可以找到各种证券交易费用的最新收费标准。

第二节　债券

1. 债券的含义及特点

证券市场上不仅有股票,还有名目繁多的债券。

债券就是政府、金融机构、工商企业等机构直接向社会借债筹措资金时,向投资者发行,承诺按一定利率支付利息并按约定条件偿还本金的债权债务凭证。债券的基本特点是:

偿还性。债券一般规定偿还日期,发行人到期须偿还本金和利息。

流动性。债券可以在二级市场上自由转让。

安全性。债券通常规定固定利率,与企业绩效没有直接联系,收益比较稳定,风险较小。

收益性。债券持有人可以获取利息收入,也可以利用债券价格的波动赚取差价。

2. 债券种类知多少

债券种类繁多,分类方法也复杂多样,而且随着融资和投资的需要,人们又在不断创造出新的债券。下面介绍债券的几种主要分类。

按照发行人的不同,债券可以分为政府债券、金融债券和公司债券。政府债券是中央政府或地方政府发行的,信用等级最高,风险最小,利率也最低；金融债券是由金融机构发行的债券，一般期限较长；公司债券是由非金融企业发行的债券，种类繁多，风险一般比政府债券和金融机构债券大，利率也较高。

按照期限长短，债券可以分为短期债券、中期债券、长期债券。一般1年以下的债券为短期债券，1年以上10年以下的债券为中期债券，10年以上的债券则为长期债券。

按照利息支付方式不同，债券可以分为附息债券、贴现债券和普通债券。附息债券是在券面上附有各期息票，投资者可以按照息票上标明的时间地点凭息票领取利息；贴现债券，又称为零息债券，不附息票，按低于债券面值的折现价格出售，投资者到期可以按面值获得债券本金；除此之外的就是普通债券，一般按不低于面值的价格发行，投资者可以按规定分期领取利息，到期后一次领回本金。

按有无抵押担保可以分为信用债券和担保债券。信用债券仅凭债券发行人的信用发行，没有抵押品。一般政府债券、金融债券和一些著名的高信用等级企业都发行信用债券。担保债券是以某项资产作担保而发行的债券，当发行人到期不能还本付息时，债券持有人可以变卖抵押品来偿付本息。抵押品一般是土地、房屋、机器设备等不动产。

按照债券上是否记名，可以分为记名债券和无记名债券。记名债券上注明债权人的姓名，同时在公司账簿登记，转让记名债券时，需要在债券上背书并更换公司账簿的债权人的姓名。无记名债券则不注明债权人的姓名，流通转让十分方便。

3. 个人如何购买债券

在我国的债券一级市场上，个人可以通过以下渠道认购债券：凭证式国债和面向银行柜台债券市场发行的记账式国债，在发行期间可到银行柜台认购；在交易所债券市场发行的记账式国债，可委托有资格的证券公司通过交易所交易系统直接认购，也可向指定的国债承销商直接认购；企业债券，可到发行公告中公布的营业网点认购，可转换债券，如上网定价发行，可通过证券交易所的证券交易系统上网申购。

在债券的二级市场上，个人可以进行债券的转让买卖，主要通过两种渠道：一是通过商业银行柜台进行记账式国债交易，二是通过交易所买卖记账式国债、上市企业债券和可转换债券。

4. 投资债券有哪些风险

债券市场虽不像股票市场那样波动频繁，但它也有自身的一些风险。

违约风险。发行债券的债务人可能违背先前的约定，不按时偿还全部本息。这种风险多来自企业，由于没有实现预期的收益，拿不出足够的钱来偿还本息。

利率风险。由于约定的债券票面利率不同，债券发行时通常会出现折扣或者溢价，人们在购买债券时，通常是按照债券的实际价格（折扣或者溢价）而不是债券的票面价格来出价的。有些债券可在市场上流通，所以能够选择适当时机买进卖出，获取差价。而这些债券的市场价格是不断变动着的，利率发生变动，债券的价格也会跟着发生变动。在一般情况下，利率上调，债券价格就下降，而利率下调，债券价格就上升。在有些时候，利率的变动使债券价格朝着不利的方向变动，人们卖出债券的价格比买进时的低，就会发生损失。所以在购买债券时，要考虑到未来利率水平的变化。

通货膨胀风险。例如，您购买了一种三年期的债券，年利率是3%，但这三年里每年的通货膨胀率都达到5%，投资这种债券就很划不来。

除了上面这三种常见的风险外，债券还有其他一些风险，如赎回风险、流动性风险等。每种风险都有自己的特性，投资者要采取相应的防范措施。限于篇幅，就不详细介绍了。

第三节　专家理财：证券投资基金

证券投资基金是一种利益共享、风险共担的集合证券投资方式，即通过发行基金单位，集中投资者的资金，由基金托管人托管，由基金管理人管理和运用资金，从事股票、债券等金融工具投资，以获得投资收益和资本增值。

“股民”投资股票会遇到两大问题：一是缺乏专业知识，难以对上市公司作出深入的投资分析和科学的判断。“股民”即使具备专业知识，也不大可能千里迢迢奔赴某上市公司进行现场深入调查。二是实力小、风险大。不同股票的风险大不相同，收益也差别很大，如果把资金全都投入到一只股票上，毫无疑问风险是非常大的。因此，“不要把所有的鸡蛋都放在一个篮子里”被看作是股票投资的圣经。把资金投入到多只股票建立投资组合可以分散风险。但“股民”单个人的资金量很少，如果再进行分散投资，频繁交易就得支付很高的佣金，很不经济。

证券投资基金解决了上面两个问题。证券投资基金把众多投资者的钱集中起来，由专业的投资专家——基金管理人来投资和运用。这样一来，基金就可以进行很好的组合投资，既分散风险又能保障收益。基金公司可以直接在证券交易所购买席位，不必像散户投资者那样通过证券公司席位交易时每笔交易都支付佣金，这样就从总体上降低了成本。基金公司还组建专门的研究队伍，除了对上市公司进行专业的投资分析外，还可以直接奔赴上市公司现场获取第一手资料。基金公司负责基金投资运作的基金经理，都是具有多年丰富投资经验的投资专家。因此，基金投资比个人投资更安全，收益也更有保障。

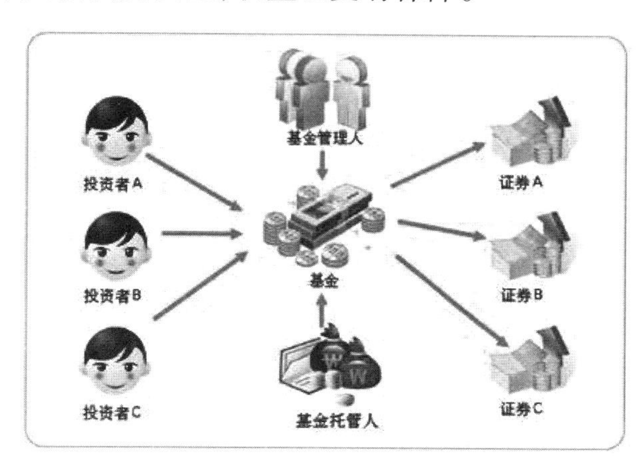

为了确保基金购买人的资金安全，必须在基金管理人和巨额资金之间设立防火墙，防止发生道德风险。基金托管人就起到这样的作用，基金公司把发行基金募集来的资金全部存放在基金托管人那里，由基金托管人保管，并按照基金管理人的交易状况进行资金转账、清算。基金托管人一般由商业银行担任。

基金公司募集资金的方法是发行基金单位，每个基金单位 1 元，投资者可以根据自己的财力认购基金单位。

需要指出的是，基金公司虽然是专家理财，但并非没有风险。基金公司受投资者委托管理运用基金，投资风险仍然是由投资者来承担的。

1. 基金种类知多少

投资基金按照基金单位能否赎回，可以分为封闭式基金和开放式基金，这也是基金最基本的两种形式。

封闭式基金早于开放式基金。封闭式基金的规模和存续期是既定的，投资者认购封闭式基金单位后，在基金存续期内不能向基金公司赎回资金。如果投资者需要变现，只能在二级市场上转让基金单位，转让的价格在基金单位净值的基础上，由市场供求确定。所以，在封闭式基金的存续期内，基金的资金规模是固定不变的，基金管理人可以把全部资金都用于投资，还可以根据存续期进行大量的长期投资。

开放式基金与封闭式基金不同，没有固定规模和存续期限的限制，投资者认购基金单位后，可以随时根据需要向基金公司赎回现金。所以，开放式基金的规模不固定，一方面会因基金单位被赎回而减少，另一方面也可以根据需要发行更多的基金单位以增大规模。开放式基金由于面临基金单位被赎回，所以，就不能像封闭式基金那样可以把全部资金用于长期投资，开放式基金必须进行长短期投资的结合，预留一部分流动性高、变现能力强的短期资产应付赎回。

对于基金管理人来说，封闭式基金比开放式基金更有优势。由于规模在一定期限内固定不变，可以把全部资金都用于投资，并制定长期投资策略，取得长期经营绩效。但封闭式基金也存在很多缺点，比如，由于在存续期内基金单位不可赎回，基金单位的转让价格并不直接反映其资产净值，所以透明度低，对基金管理人的约束能力差。开放式基金则弥补了这一不足，基金单位的赎回价格是依据基金净值确定的，透明度高，并且，如果基金公司经营绩效差，就会面临很大的赎回压力，因而对基金管理人的约束力更强。我国目前既有封闭式基金也有开放式基金，新设立的基金多是开放式基金。

除了以上两种基金，基金还可以按照不同标准分成很多种。比如，按照组织形态的不同，可以分为公司型基金和契约型基金；按照投资对象的不同，可以分为股票型基金、债券型基金和货币市场基金等；按照风险收入的不同可以分为成长型基金、收入型基金和平衡型基金。

2. 怎样选择投资基金

选择基金品种。如果您偏好高收益，风险承受能力也很强，可以考虑以股票或股票指数为主要投资对象的基金，在股市走牛时，股票基金或股票指数基金往往有出色的表现。如果您追求稳妥，可以考虑低风险的保本基金或货币市场基金。在股市走熊时，债券型基金也是一个不错的避风港，它能保证实现相对稳定的收益。如果您对流动性有所偏好，货币市场基金是您的理想选择，它能迅速变现，风险低，收益也超过同期银行活期储蓄利率。

选择基金经理。基金经理手握投资大权，对基金表现具有举足轻重的影响力，所以选择基金时一定要选准基金经理，了解他的投资理念、投资风格。一般人不好判断基金经理的投资管理能力，一个比较省事的办法是直接参照他过去的业绩。在基金行业，人员流动性很强，买入基金后，您还需要留意基金经理的变更。

看基金管理公司。好公司更容易出好的产品，基金行业也不例外。买基金，应当优先考虑优质基金管理公司旗下的基金产品。怎么衡量基金管理公司的优劣呢？主要看公司过去的业绩、内部管理机制、研究水平、客户服务。由于基金行业人员流动频繁，在衡量基金管理公司的优劣时，应着重看它的投资管理部门和研究部门的水平。

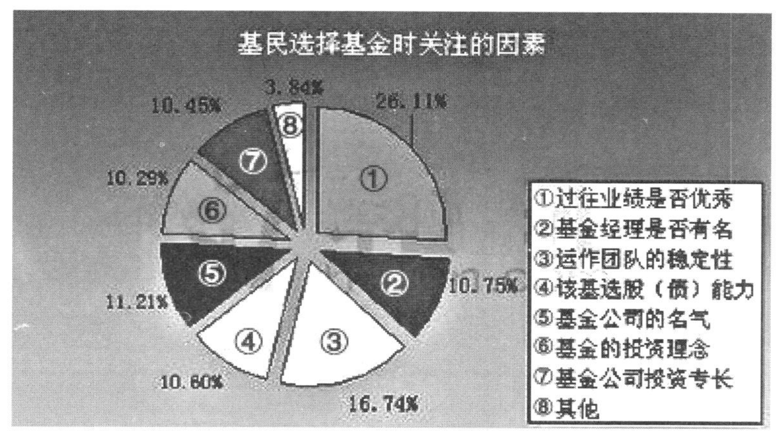

参考一些中介机构的基金评级报告。投资者个人很难对基金有全面透彻的了解，一种简便的途径是参考权威中介机构的基金评级报告，这些报告会对基金产品的综合表现及可投资性进行排名，您可以直接拿它们的结论作参考。

3. 投资基金有哪些风险

买基金时，无法准确知道买价。购买别的产品时，您一般都知道价格，能够自主决定购买数量。购买基金则不然，您只知道一共要出多少钱，但无法知道购买的价格和数量。按照规定，基金单位交易价格取决于申购当日的单位基金资产净值，而这一数值要等到当日收市后才能计算出来。所以您购买基金时，只能参照以前交易日的基金单位资产净值。

买了基金后，难以预知基金表现。您很难准确了解基金经理们的能力，即使他们能力很强，过去业绩也不错，但也不能完全保证基金以后的业绩。因为基金作为投资工具，本身还面临着市场、利率、违约等外在的风险。

基金赎回时，无法准确知道卖价。基金的赎回价格也取决于赎回当日的单位基金净值，您无法提前准确知道这一数值。在任何一个交易日，赎回与申购可以同时进行，两者相抵，可以得到净赎回（一个交易日里赎回基金单位数量与申购基金单位数量的差），如果净赎回超过基金总份额的10%，人们将这种情形称为巨额赎回。按照规定，基金管理人可以对超出的那一部分赎回申请延期至下一个交易日办理，并根据这一日的基金净值计算赎回金额，如果基金净值在这一交易日里下跌，您就可能会遭受损失。

由于这些不确定性的存在，您投资基金也就面临着相应的风险。当然，也不必太担心，只要慎重选择，做好决策，是可以防范部分风险的。

◎案例分析

"宝马进去,拓拓儿出来"

"宝马进去,单车出来;西服进去,裤衩出来,唉,说的可不就是我的情况嘛。"30刚出头的罗先生具有非凡的人际交往能力,年纪轻轻便已做到一家企业的营销总监,然而今年有一个问题始终困扰着他——他的座驾还是3年前购买的一辆黑色桑塔纳。"当年开着还好,然而现在感觉已经有点土了,拜访客户应酬时都感觉有些掉价",罗先生说,他本来已经准备好换一辆20多万的蒙迪欧,但去年股市好,他听了证券公司的朋友介绍,开户重仓买入了几支股票。在股票6000多点时,他的股票市值已经可以买到一辆入门级的宝马3系,"那时候贪心啊,还想让它再升一些,买部高配版的宝马,谁知道股市跌到了2000点以下"。罗先生说到这里颇为懊悔。当股市在4500点、3000点时,他本打算抛掉算了,但又觉得还有机会回到当初的高位,在2500多点的时候,又动了笔钱去"抄底",结果就这样被套牢在了1900点,不仅宝马没了,现在剩下的"渣渣钱"就只能购买一辆中低档车了。

回顾自己股市遭遇,罗先生非常懊悔,股市投资打乱了他的生活计划,他说自己完全是一个股市新人,原以为买入股票,股票自己就涨,但今年看来并不是这样,影响股市的东西还挺多,货币政策、美国次级债、股指期货、奥运会、创业板,自己有很多东西需要去了解。

专家解析:很多人对家庭理财并没有正确的认识,狂热投资于股票和基金,不明白该怎么配置资产,即用什么样的钱去投资什么项目,缺乏财务计划以及过度投资导致了生活上的窘境。他建议投资者首先应该明白怎么分配资产,然后再去学习炒股的技术。

国内某知名基金经理告诉大家,投资者在给自己的股票知识进行"充电"的时候,首先,要了解股市规律是有周期性的,其次,要了解大环境和小环境,大环境即指经济环境,需要参考的指标有利率、税收、汇率、银根松紧、经济周期、通货膨胀、政治环境、政府产业政策等等的变化和影响；而小环境，则是指了解上市公司的特点，参考的指标有企业的营业收入、盈利、固定资产、同行业情况以及品牌价值等等。

他认为投资者应当吸取4点教训：

1. 股票投资是基于基本面的，当基本面变化了，要想一想，自己要不要继续投资；

2. 估值是股票里面很重要的一部分，当估值比较高的时候，应当有所警惕；

3. 要有合理的收益率预期，当过高时，就不要太贪心，否则会把赚的吐回去；

4. 对股票并不太懂的人，应该长期持有一些很好的股票，如消费类行业龙头股等，当价格高时减持，价格低时补充一部分。

第三章　金融借贷

时至今日，贷款消费的观念渐渐为中国人所接受。现在的购房买车族中，有相当一部分人是自己攒一点，向父母、亲戚或者朋友借一点，筹齐首付款，再向银行申请贷款，很快就能拥有一套住房或者一辆车。这些人花明天的钱，圆了今天的梦，这正是银行贷款的功劳。在广大农村，除了银行贷款，还存在相当普遍的民间借贷现象，本章将向农民朋友们介绍银行贷款的几种种类以及民间借贷中需要注意的地方。

第一节　花明天的钱，圆今天的梦：银行贷款

1. “安居”不是梦：个人住房贷款

个人住房贷款是贷款人向借款人发放的用于购买商品房或者修建自用住房的贷款。贷款人发放个人住房贷款时，借款人必须提供担保，如果借款人到期不能偿还贷款本息，贷款人就有权依法处理其抵押物。

下面是关于个人住房贷款的一些基本知识。

贷款金额。按照中国人民银行的规定，购房贷款最高不超过房价的80%，也就是说，购房者至少要准备20%的首期付款。至于在这个幅度内，您如何确定贷款和首付款的比例搭配，要根据自己的现实能力、未来收入等情况综合考虑。

贷款方式。个人住房贷款有三种，分别是个人住房商业性贷款、住房公积金贷款和个人住房组合贷款。个人住房商业性贷款是银行用信贷资金发放的贷款。住房公积金贷款的资金来自于职工缴存的住房公

积金存款，因此这类贷款只贷给那些住房公积金缴存人，但有金额上的限制。个人住房组合贷款是上述两种贷款的组合。

贷款利率。当基准利率有所变动时，个人住房商业性贷款利率与公积金贷款利率一般也会随之调整，理论上将使用这种利率的贷款称为浮动利率贷款。近年来，一些商业银行推出了固定利率的住房贷款。

还款方式。一般有三种还款方式：一是一次性还清本息，这种方式比较少见；二是等额本息，就是每月以相等金额偿还本息，每次数额明确，便于购房者安排收支，适合未来收入稳定的购房者；三是等额本金，就是每月等额偿还本金，利息按月计算，这种办法的利息总额支出比前一种方法小，但前期还款压力较大。

贷款期限。中国人民银行规定，个人住房贷款的最长期限为 30 年。购房者可以提前还款，不过需要向银行提出书面申请，征得银行同意。

2. 轻松变成“有车族”：个人汽车贷款

您不仅可以贷款买房，还可以贷款买车，提前变成“有车族”。个人汽车贷款是指贷款人向借款人发放的用于购买汽车的贷款。在一般情况下，申请个人汽车贷款也需要提供住房、有价证券等形式的担保。下面是关于个人汽车贷款的基本知识。

贷款金额。银行或汽车金融公司为控制贷款风险，要求购车人支付一定比例的首付款。2004 年，中国人民银行和中国银监会联合颁布的《汽车贷款管理办法》，对个人汽车贷款额度设置了上限：对自用车，最高可申请占汽车价格80%比例的贷款；若是商用车，比例为70%；若是二手车，比例为50%。

贷款期限。新车的贷款期限（含展期）不得超过五年，二手车的贷款期限（含展期）不得超过三年。

担保方式。申请个人汽车贷款时，您需要提供一些担保。可以拿定期储蓄存单、国债、个人寿险保单等权利凭证作质押，也可以用所购车辆甚至是房地产作抵押，也可以由第三方提供保证。对每一种担保方式，银行都有一些细节上的要求，您应当事先了解清楚。

还款方式。汽车贷款的还款方式和住房贷款类似，常见的也是两种：一种是等额本息还款，另一种是等额本金还款。利率计算也和住房贷款类似。您可以申请提前归还贷款本息，也可申请贷款展期，不过只能申请一次展期，展期期限不超过一年，并且要重新落实担保程序。

3. 贫困学子的福音：国家助学贷款

对多数家庭来说，送子女上大学都是父母肩上一副不轻的担子，光是学费和生活费就要耗去一个家庭多年的积蓄。过去，更有许多家庭为筹不到足够的学费而忧愁苦恼。现在，国家助学贷款为贫困学子送来了福音。

贷款对象。国家助学贷款面向的是中华人民共和国（不含香港、澳门特别行政区和台湾地区）全日制高等学校中经济困难的本、专科学生（含高职生）和研究生。

申请条件。高等学校的在读生申请助学贷款必须具备两个基本条件：一是入学通知书或学生证，二是有效居民身份证。同时还要有同班同学或老师共两名对其身份提供证明。有关部门规定，经济困难学生申请贷款的比例原则上不超过全日制在校学生总数的20%，商业银行也对借款学生设置了一些申请条件，例如，要求借款学生学习认真，品德优良，没有违法行为，没有不良信用记录等。

贷款金额。按照有关部门规定，国家助学贷款的最高金额是每人每学年 6000 元,限于学费、生活费和住宿费。由于各学校学费、住宿费标准不一样,各地的生活费标准也不同,故助学贷款的具体数额也不尽相同。

贷款期限。助学贷款的期限一般不超过十年。一些商业银行还有具体规定,如果贷款学生本科毕业后继续攻读研究生或第二学士学位的,在读期间贷款期限相应延长。毕业后可视就业情况,在毕业后的 1—2 年后开始偿还本息,在毕业后的六年内还清全部本息。具体期限根据借款人就读情况确定,如果贷款学生在贷款合同期内不能全部偿还贷款本息,还可以向贷款银行申请展期。

贷款利率。国家助学贷款执行的也是中国人民银行规定的同期限利率,但国家财政对利息进行了适当的补贴。2004 年 6 月,教育部等四部委联合发布《关于进一步完善国家助学贷款工作的若干意见》,规定借款学生在校期间的贷款利息全部由财政补贴,也就是说,借款学生学习期间不用支付利息,利息从毕业后开始计付。

担保形式。国家助学贷款主要有四种担保形式:一是保证担保,当借款人不偿还债务时,保证人将替借款人还款或承担责任;二是抵押担保,即将财产作为贷款的担保;三是质押担保,可将权利凭证(如定期储蓄存单)作为贷款的担保;四是信用助学贷款,借款学生以个人信用申请助学贷款,但需要提供贷款介绍人和见证人,介绍人和见证人不承担连带责任。

贷款银行。目前，发放国家助学贷款的银行要通过招投标方式产生，借款学生只能向中标银行申请国家助学贷款。

商业银行对国家助学贷款还有许多具体规定，如果您要申请助学贷款，还需要到学校选定的商业银行具体咨询。对多数借款学生来说，国家助学贷款很可能就是他们建立信用记录的起点，因此，一定要按时还款，维护好自己的信用。

另外，许多商业银行还开办商业性助学贷款。有需要的借款学生可以找各家银行详细咨询。

第二节　民间借贷

1. 概念及优势

民间借贷是指公民之间、公民与法人之间、公民与其他组织之间借贷。只要双方当事人意思表示真实即可认定有效，因借贷产生的抵押相应有效，但利率不得超过人民银行规定的相关利率。

与银行贷款相比，民间借贷具有以下优势：

手续简便。民间融资不像银行贷款需要提供营业执照、代码证书、会计报表、购销合同、负责人身份证件、验资报告等一大堆材料，也不用经过签订合同、办理公证等程序，一般只需考察房产证明及还贷能力等并签订合同即可。

资金随需随借。按银行的正常贷款程序，企业从向银行申请贷款到获得贷款，期间大约需要一个月，即使是长期合作客户，最快也需要 10 天左右；而民间借贷一般仅需要 3—5 天甚至更短的时间即可获得所需资金。

获取资金条件相对较低。中小企业贷款风险大、需求额度小、管理成本高，银行在发放贷款时普遍要求中小企业提供足够的抵押担保物；而民间借贷普遍门槛低，显然更加适合于小企业。

资金使用效率较高。银行贷款期限一般以定期形式出现，而民间借贷可以即借即还，适合小企业使用频率高的特点。

2. 注意事项

民间借贷作为一种资源丰富、操作简捷灵便的融资手段，在一定程度上缓解了银行信贷资金不足的矛盾，促进了经济的发展。但是显而易见，民间借贷的随意性、风险性容易造成诸多社会问题。向私人借钱，大多是半公开甚至秘密进行的资金交易，借贷双方仅靠所谓的信誉维持，借贷手续不完备，缺乏担保抵押，无可靠的法律保障，一旦遇到情况变化，极易引发纠纷乃至刑事犯罪。由此看来，民间借贷也必须规范运作，逐步纳入法制化的轨道。

借贷要合法。合法的借贷关系才能受到法律的保护。如果明知借款人借款用于诈骗、贩毒、吸毒等非法活动，仍予以出借的，国家法律不予保护，出借人不仅得不到债权，还会受到民事、行政乃至刑事法律的制裁。若一方乘人之危，或用欺诈、胁迫等手段使对方违心借贷的，则属于无效民事法律行为，有责任的出借人只能收回本金。

注意考察借款人的信誉和偿还能力。首先要看借款人的固定资产、经济收入等情况，判断其是否具备偿还能力；其次要看借款人平时为人怎样，信誉程度如何，如果借款人曾有过“有借无还”的不良信用“纪录”，就要坚决拒绝。切莫因碍于面子、听信花言巧语或接受小恩小惠而盲目借款，不然，最终吃大亏的还是自己。

订立协议。现实生活中，有的出借人往往因对方是亲朋好友，碍于情面或出于信任，借贷时没有出具书面字据。这样，一旦借款人否认，出借人就很难保障债权。即使诉至法院，也会因无法举证而陷入败诉的结局。因此，出借人必须与借款人订立书面借贷协议，载明借贷双方的姓名、借款种类、币种、数额、时间、期限、用途、利率、还款方式、保证人和违约责任等条款，签字画押，双方各执一份，妥善保存。

利率应合法。民间借贷中常说的几分利一般是指月利率，比如一分利就是指月利率1%，由此计算出的年利率为12%。借贷双方可以根据借款的用途及其收益，共同约定一个合理的利率。利率可适当高于银行同类同期的贷款利率，但最高不得超过银行同类贷款利率的4倍（含利率本数），超过部分的利息法律不予保护。如因利率约定不明而发生争议，可比照银行同类同期的贷款利率计算利息。对于“利滚利”的复利借贷和预扣高额利息的借贷，法律不予保护，只能收回本金。

提供担保。对于数额较大或存有风险的借款，应履行担保和抵押手续，要求借款人提供具有一定经济实力的第三人为其担保，或要求借款人以存单、债券、机动车、房产等个人财产作为抵押物，并都应订立书面借贷协议。有些财产抵押，还应到有关部门办理抵押物登记手续。这样，借款人一旦出现无法偿还债务的情况，可以向保证人追索借款或合法地以抵押物抵偿借款。

借款中保证人承担何种责任?

保证的方式分为一般保证和连带责任保证两种。当事人约定债务人不履行债务时,由保证人承担保证责任的,为一般保证。约定保证人与债务人对债务承担连带责任的,为连带责任保证。若对保证方式没有约定或约定不明确的,则认定为连带责任保证。同时按规定,连带责任保证未约定保证责任期间的,保证人承担保证责任的有效期应在债权履行期限届满之日起六个月内。

及时催收。按照《民法通则》第135条规定,出借人向人民法院申请债权保护的诉讼时效期间为2年。如借款期满后又经过2年,出借人不能证实期间曾经催收过的,法律不予保护。为了防止超过诉讼时效,出借人应在时效届满前,让借款人写出还款计划,诉讼时效就可以从新的还款期限起重新计算。

运用法律。如果借款人不讲信誉,逃账赖账,债权人切莫采取扣押人质、强抢货物等过激的违法行为,要正确运用法律武器来维护自己的合法权益。必要时,法院可以施行强制执行措施。

◎**案例分析**

农民小额贷款致富

“2006年,俺从农信社贷款2.1万元,种了4亩藕,一季下来收了1万多公斤,卖了3万多块钱,除去贷款,还净赚了1万多元,真是没想到啊!今年我们在去年的基础上进行了调整,产量肯定比去年高,质量也比去年好,这藕池至少能用10年,照这样下去,几年后咱弄辆小车开开保准没问题。俺致富,多亏了信用社的支持和帮助啊!”淄博市淄川区太河乡北下册村村支书国先胜在第一批财政小额贴息贷款兑现大会上不无骄傲地说。

国先胜是村里致富的带头人,莲藕种植的成功,更是让他充满了带动全村村民致富的信心。他说,我们这里地处山区,多数农民因“发展无资金、致富无门路”,延续传统的生产模式,多年来一直没有摘掉贫困的“帽子”。2006年,农村信用社主动联系政府为我们发放财政贴息贷款,那阵子真是太高兴了,我们感觉致富就在眼前了。我们村17户种植户共争取到农村信用社贴息贷款12万元,修建了藕池70余亩,从去年的经营情况来看,由于我们生产的白莲藕无污染,属纯绿色食品,市场销售较好,每亩产藕2000公斤,收入在6000元以上,全村实现纯收入35万元,所有种植农户实现了当年投资、当年见效、当年盈利,人均增收726元,取得了较好的社会效益和经济效益,促进了农民增收,农业节效,同时也带动了相关产业的发展,推动了新农村建设的步伐。

像北下册村这样走上致富路的村子淄川区还有很多,莲藕种植业在当地也已经发展成为农民致富的主导产业。农民富裕了,信用社的业务市场拓宽了,地方财政也从经济发展中得到反哺,形成了三方共赢的局面,推动了当地新农村建设的步伐。2007年,淄川联社还将加大财政贴息贷款的投放额度,对农户贷款的授信额度也将由过去的7000—8000元提高到2万元以下,同时对农业项目示范大户、农业项目带头人、生态村建设、农业经济合作组织,每户农民最高授信额度将提高到10万元。

定南联社发放返乡创业贷款,返乡农民工“变身”小老板

家住定南县岭北镇枧下村的农民朱李郁中专毕业后,他和其他年轻人一样,带着自己的梦想到广东沿海城市打工,在广东省广州市一家电子厂做了几年电路板的插件工。受到金融危机的影响,2013年下半年开始,他打工的厂子业务开始不景气,无奈之下他只好返乡。回乡以后他用了一个月也没找到适合自己的工作。

由于他在外打工多年,了解到广东等地家禽的需求量较大,经过反复考察和盘算,自己创业成立一个养鸡养殖厂的想法日渐在朱李郁的心里成熟起来。然而,问题随之而来,虽然已经考察好了项目,但凭自己几年的积蓄,却无法满足投资经营的需求。厂子的启动资金问题,让刚刚建立起创业信心的朱李郁再次陷入了失落。就在朱李郁一筹莫展的时候,村里干部告诉他定南县农村信用社宣传返乡农民工贷款的信息。

于是他带着身份证和户口本来到当地信用社咨询办贷程序。当地信用社客户经理了解这一情况后,非常支持他返乡创业,第二天就来到他家里对他创业的项目进行实地调查。经过评级授信、发证,当地信用社为他办理了一笔5万元的返乡农民工创业信用贷款,加上自己的积蓄,朱李郁凑够了15万元,建起了年出栏活禽鸡8000只、年利润可达8万元的养殖厂。现在他的养殖厂解决了5名当地农民的就业问题。朱李郁逢人就说:“我能有今天,真是太感谢信用社的支持了。在我经营过程中,信用社的同志还来了解我的经营情况,给我提供经营信息、结算渠道,农村信用社真是我们返乡农民工创业的贴心银行。”

民间借贷纠纷

案例一:丈夫借钱,妻子被判一起还

老王和老贾是生意伙伴,2013年,因为生意急需资金周转,老王向老贾借款300万元人民币,两人也签订了借款合同。合同中载明了借款期限是六个月,借款利息是每月千分之十五,如果没能按期还款,老王将要多支付50%的罚息。

为了保证老王的还款能力,老贾要求老王提供担保。于是老王便将自己和妻子共有的一套房产拿来做了担保,并约定一旦老王无力还款,老贾有权变卖房屋,并优先以变卖所得的款项受偿。如果房屋变卖还无法清偿借款,老贾还能继续追讨剩余欠款。合同签订当天,老贾就将300万元通过银行转账给了老王,但事后,两人并没有去办理房屋抵押登记。

到了还款期限,老王却并没有按时归还欠款。几次催要无果后,老贾无奈将老王和其妻子起诉到法院,要求对方归还欠款、利息及罚息,并且要求对抵押的房屋主张优先受偿。

老王表示，自己借的这300万是为了生意周转，与妻子无关。而因为生意亏空，现在确实无力还款，签订合同时约定的利息也过高。但他并非要赖账，一旦有还款能力，他会在保证生活的基础上尽力还款。

经过审理，法院认为老王与老贾之间是合法的借贷关系，双方也签订有借款合同，应该受到法律的保护。但双方约定的罚息金额超出了银行同类利率的四倍，因此对超过的部分，法院不予支持。而被“抵押”的房产，虽然双方有合同约定，但由于没有办理抵押登记，因此担保并未生效，老贾要求的优先受偿权也就无法实现。案件不仅是老王和老贾之间的纠纷，由于借款发生在老王与妻子的婚姻存续期间，也不存在法律规定的例外情形，因此这笔债务应是夫妻共同债务，妻子也要承担还款责任。

案例二：债务人意外身亡，钱由谁来还

2008年5月份的时候，江女士的一个亲戚身患重病，对方曾开口向其借了15万元钱。“毕竟是亲戚，借钱看病，是天经地义的事情，再说她当时也给我打了欠条。”江女士说，亲戚表示今年2月份就把钱还给她。然而，江女士在过年之前却得到了一个噩耗，她这个亲戚在1月份的时候因为疾病复发意外去世了。当初借出去的十几万元钱，没有了债务人。这下，江女士犯了难。

法律解读：江女士完全可以向其亲戚的继承人索要这笔欠款，其继承人在继承的遗产价值范围内应承担民事责任。

案例三：婚前借债买房，婚后共同还债

结婚之前，沈女士的丈夫购买了一套房子。据沈女士介绍，丈夫自己仅仅出了10万元钱，大部分钱都是其向亲戚朋友借的，房产证上也是沈女士丈夫一个人的名字。“因为丈夫的收入也不是很高，为了减轻他的压力，结婚之后我就和丈夫共同来偿还这笔债务。”沈女士现在因为和丈夫感情不和，陷入了担忧之中。沈女士弄不清楚，这套房子还有没有她的份？如果没她的份，她代为偿还的房债怎么办？

法律解读：该房子所有权取得于沈女士结婚前，应当属于沈女士丈夫的婚前个人财产，不是夫妻共同财产。同样道理，沈女士丈夫婚前买房借的款也是其个人债务。因此，婚后沈女士替丈夫偿还的部分债务，可以向其丈夫追偿。

第四章　家庭房产

房产是家庭中的大宗财产。对于农民家庭而言，多数是在宅基地上自建住房，也有近郊农民购买商品房或小产权房，还有社会主义新农村建设中的新住房。本章讲述房产的类型、特点，以及怎样保障房产的安全。

第一节　家庭房产的类型与特点

1. 商品房

商品房是指在市场经济条件下，具有经营资格的房地产开发公司通过出让方式取得土地使用权后建造、经营的住宅，按市场价格出售。

商品房是经政府有关部门批准，开发商建设的供销售或租赁的房屋，包括住宅用房、办公用房、商业用房以及其他建筑物。而自建、参建、委托建造，又是自用的住宅或其他建筑物不属于商品房范围。

国家实行房屋所有权登记发证制度。因此，买房人交清了房款，办了入住手续，还必须办理房地产权证，这是权利人依法拥有房屋所有权，并对房屋行使占有、使用、收益和处分权力的唯一合法凭证。办理房地产权证是取得房屋所有权最关键的环节。房屋产权证具体包括《房屋所有权证》和《土地使用权证》，但有些地方房屋管理和土地管理两个部门联合颁发《房地产权证》。

2. 小产权房

小产权房通常是指在农村和城市郊区农民集体所有的土地上建设的用于销售的住房。由于集体土地在使用权转让时并未缴纳土地出让金等费用,因此这类住房无法得到由国家房管部门颁发的产权证,而是由乡政府或村委会颁发,所以也称乡产权房。小产权房没有国家发的土地使用证和预售许可证,购房合同在国土房管局不会给予备案,所谓的产权证也不是真正合法有效的产权证。

根据《中华人民共和国土地管理法》的规定,农民集体所有的土地的使用权不得出让、转让或者出租用于非农业建设。而农村宅基地属集体所有,村民对宅基地只有使用权。农民将房屋卖给城市居民的行为不能受到法律的认可与保护,也就不能办理土地使用证、房产证、契税证等合法手续。

小产权房转让或销售的对象是有限制的,只能在集体成员内部转让、置换,不能向非本集体成员的第三人转让或出售。

3. 自建房

在我国农村,许多农民家庭祖祖辈辈都住在自己建造的房屋中,这是在自家的宅基地上建设的自己居住的房屋。随着国内房价的逐步提升和农民生活水平的提高,自建房建设水平越来越高,类型越来越丰富。

农民自建房的首要条件是宅基地。那么,农村居民如何申请办理宅基地及建房手续呢?

现阶段，农村居民申请宅基地必须符合下列条件：

1	2	3	4	5
年满十八周岁，且符合分家条件。	符合土地利用规划和村镇建设规划。	建房使用的土地面积在限额之内。	农村居民建房必须“一户一基”。	回乡落户人员需要建房而无宅基地。

下列情况不得申请宅基地：

1	2
出租、出卖原有的宅基地再申请宅基地的不予批准。	严禁非农户和其他人员在本村购买宅基地。

农民建房应当遵循的原则：

（1）农村居民建房应当使用原有的宅基地和村内空闲地，能够利用劣地的不得占用好地，能够占用荒地的不得占用耕地，使用国有土地的必须办理出让手续。

（2）符合申请宅基地条件的村民，按下列程序申请宅基地和建房：

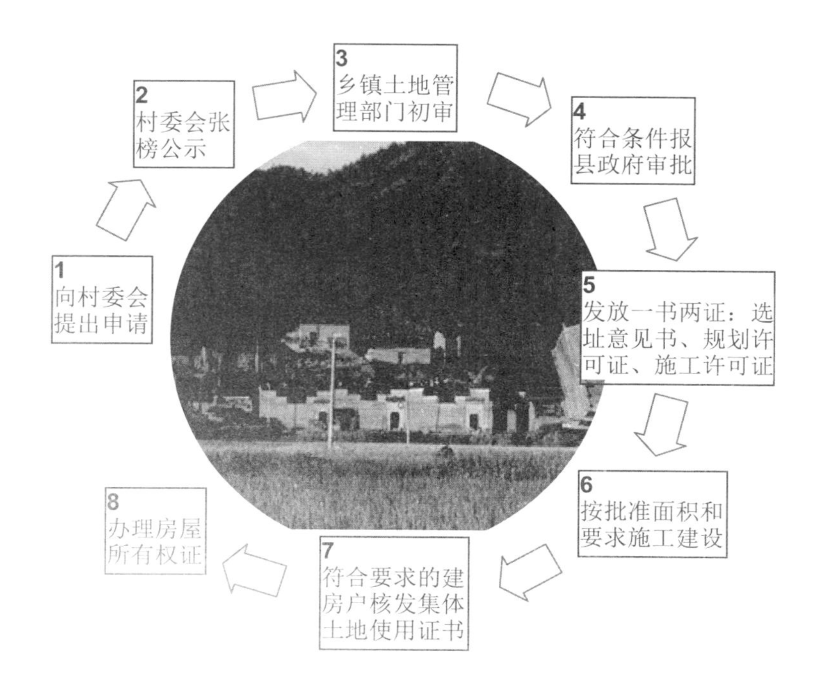

第二节　家庭房产的保全与转让

1. 农民自建房上市有哪些限制

《房屋管理办法》第八十七条规定:“申请农村村民住房所有权转移登记,受让人不属于房屋所在地农村集体经济组织成员的,除法律、法规另有规定外,房屋登记机构应当不予办理。”如果土地是属于集体所有则不能上市交易,也不可以办理产权过户手续,只可以在自己本村的集体内部买卖,也就是说房子只能卖给自己村的人。

2. 农民宅基地可以转让吗

农村的宅基地使用权是我国特有的一种物权形式,是一种带有身份性质的财产权,与农村集体经济组织成员的资格联系在一起,是农民安身立命之本,目前法律法规明确禁止农村宅基地自由流转,是为了保障农民的基本生存权。

2014 年 12 月 2 日,中共中央召开全面深化改革领导小组第七次会议。会议审议了《关于农村土地征收、集体经营性建设用地入市、宅基地制度改革试点工作的意见》。会议指出,坚持土地公有制性质不改变、耕地红线不突破、农民利益不受损三条底线,在试点基础上有序推进。其中包括改革完善农村宅基地制度。要完善宅基地权益保障和取得方式,探索农民住房保障在不同区域户有所居的多种实现形式;对因历史原因形成超标准占用宅基地和一户多宅等情况，探索实行有偿使用；探索进城落户农民在本集体经济组织内部自愿有偿退出或转让宅基地；改革宅基地审批制度，发挥村民自治组织的民主管理作用。

3. 小产权房买卖有什么风险

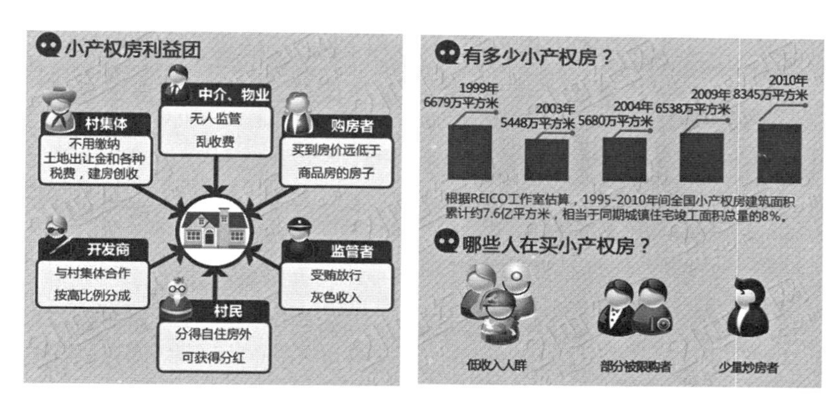

由于一段时间以来商品房价格一路走高，刺激了小产权房的开发。1995—2010年间，全国小产权房建筑面积累计达到7.6亿平方米，相当于同期城镇住宅竣工面积的8%。

小产权房买卖有以下风险：

（1）法律风险。小产权房的流通转让存在很多的限制，法律法规对商品房的相关规定和制度对小产权房是无效的，人民法院也不能以适用商品房买卖的法律规定及司法解释处理涉及小产权房的案件，购房人的权益很难得到维护。

（2）政策风险。如果购买的是在建小产权房，遇到相关部门整顿小产权房的建设项目，可能就会导致部分项目停建甚至被强迫拆除。结果只能是购房人找开发商索要购房款，可能面临既无法取得房屋又不能及时索回房款的尴尬境地。另外，如果遇到国家征地拆迁，由于小产权房没有国家认可的合法产权，很可能无法得到对产权进行的拆迁补偿。

（3）转让风险。根据《中华人民共和国土地管理法》的规定，农民集体所有的土地的使用权不得出让、转让或者出租用于非农业建设。而农村宅基地属集体所有，村民对宅基地也只享有使用权，农民将房屋卖给城市居民的买卖行为不能受到法律的认可与保护，也就不能办理土地使用证、房产证、契税证等合法手续。由此可见，小产权房是不能向非本集体成员的第三人转让或出售的。但这并不是说小产权房就不能转让，而是说购买后也不能合法转让过户，同时对房屋的保值和升值也有很大影响。

4. 拆迁有哪些补偿

随着城市化进程和社会主义新农村建设的加速，在城郊和农村都会有许多房屋需要拆迁，有一些土地要被征用。在房屋拆迁和土地被征用过程中，房屋所有权人和土地使用权人应当获得哪些补偿呢？

《中华人民共和国物权法》第四十二条对征地作出了如下规定："征收集体所有的土地，应当依法足额支付土地补偿费、安置补助费、地上附着物和青苗的补偿费等费用，安排被征地农民的社会保障费用，保障被征地农民的生活，维护被征地农民的合法权益。""征收单位、个人的房屋及其他不动产，应当依法给予拆迁补偿，维护被征收人的合法权益；征收个人住宅的，还应当保障被征收人的居住条件。"

失地补偿和房屋拆迁补偿的具体规定由各地制订，一般来说都包括以下主要内容：

失地补偿。被征用的土地，主要有 3 项赔偿：

（1）失地补偿费

（2）青苗补偿费

（3）征地后人均耕种面积达不到当地标准的，应当增加生活补助费，或转为非农户。

房屋拆迁补偿。房屋被拆迁，主要有8项赔偿：

（1）区位价补偿

（2）房屋重置价补偿

（3）临时过渡费

（4）搬迁费

（5）搬迁误工费

（6）签协奖励费

（7）室内附属设施、装修装饰补偿费

（8）其他补偿费和安置用房，并保证被拆迁人原有居住条件。

第三节 房屋租赁

房屋租赁是指由房屋的所有者或经营者将其所有或经营的房屋交给房屋的消费者使用，房屋消费者通过定期交付一定数额的租金，取得房屋的占有和使用权利的行为。

1. 房屋租赁要注意的十个问题

（1）签订租赁合同前，出租人应向承租人出具房地产权证或其他权属证明，并相互校验有关身份证明。共有产权，须提交共有人同意的证明；委托出租的，应提交委托合同；代理出租的，应提交房屋所有权人委托代理出租的证明。

（2）租赁合同签订后的15日内，当事人可按有关规定向房屋所在地的房地产交易中心或农场系统办理登记备案，领取租赁合同登记备案证明。

（3）凡当事人一方要求登记备案，而另一方不予配合的，要求登记备案的一方可持租赁合同、有效身份证明等相关文件办理登记备案。

（4）出租人应申请领取《房屋租赁许可证》，若将房屋出租给外来流动人员的，出租人还应出示公安部门发放的《房屋租赁治安许可证》。

（5）为了保证电话费、电费、燃气费、水费等费用的及时交纳，出租人有必要每月对有关缴费账单进行检查。

（6）出租人应经常关心房屋及设备的使用情况，及时了解承租人的意向。

（7）承租人不得擅自改变房屋的结构及用途。即使为了增添设备而改变房屋装潢的，也须征得出租人的同意（如安装空调、挂画，需要在墙面打洞等）。

（8）承租人不得影响相邻房屋的使用。

（9）承租人应爱护房屋的设备及装潢，如果发现设备出现故障应及时与出租人联系，或按合同约定的方法处理。

（10）未经出租人允许，承租人不得将房屋私自转租。

2. 出租方要特别注意哪些问题

（1）房东要核实承租人。房东在出租房屋时应对租房人的身份加以核实，主要包括身份证、护照、驾驶证等相关证件的核查，同时要访问租房者的姓名、工作、居住人数等情况，最好到相关公安机关查询租房者信息。

（2）房东应多回访承租者。房东要经常询问租房者房屋的情况，并定期看看房屋的基本概况。一旦发现所出租房屋有什么异常现象，要及时通知公安机关。

（3）物业杂费的交付。卫生费、有线电视费等费用交纳情况，要及时与物业或承租人核实。

（4）房子尽量不租给短期租住者。房子最好不要租给短期租房者，比如只租一两个月的人，租给对方时必须要十分谨慎。一般房东尽量以半年为最短期限，并且房主对不知底细的承租人尽量不要透露太多的信息。

（5）房东不要频繁涨价。房东要善待房客，对于使用房子不允许之处可在租房时提醒房客就行。不要总提涨价，一年后续租双方可以协商。涨价频繁，房客住不长久，也会增加寻找新房客的成本。

（6）合租情况及租房合同。办理合租合同时，需有房主方的同意合租书面证明。房主未取得共有人同意的情况下不得出租共有房屋。房客与房东的任何口头协议都尽量落实在正式租房出租合同中。

第四节 抵押贷款

1. 什么是房产证抵押贷款，贷款人要符合哪些条件

房产证抵押贷款是以房产作抵押向银行申请贷款取得资金，再分期或一次性向银行还本付息的一种信贷方式。房屋所有者不必将房子卖掉就可以取得一定数额的资金来解燃眉之急。

贷款人要具备的条件：首先，具有完全民事行为能力的自然人，在贷款到期日时的实际年龄一般不超过65周岁；其次，有固定的住所，有正当职业和稳定的收入来源，具备按期偿还贷款本息的能力；第三，愿意并能够提供放贷人认可的房产抵押；第四，房产共有人认可其有关借款及担保行为，并愿意承担相关法律责任。

2. 用于抵押的房屋要符合什么条件

第一，房屋的产权要明晰，符合国家规定的上市交易的条件，可进入

房地产市场流通，未做任何其他抵押。

第二，房龄与贷款年限相加不能超过40年。

第三，所抵押房屋未列入当地城市改造拆迁规划，并有房产部门、土地管理部门核发的房产证和土地证。

这里需要提醒大家，用来抵押的房产的所有人可以是借款人本人，也可以是其他人，以他人所有的房产做抵押的，抵押人必须出具同意借款人以其房产作为抵押申请贷款的书面承诺，并要求抵押人及其配偶或其他房产共有权人签字。

3. 如何办理房产证抵押贷款

（1）借款人需提供的材料有：本人身份证、户口本、结婚证以及配偶身份证、户口本；借款人的个人收入证明；房屋所有权证、原购房协议正本和复印件；房屋所有人及共有权人同意抵押的公证书及贷款用途证明。

（2）贷款金额、年限及利率：房产抵押消费贷款起点金为5000元，最高额度不得超过抵押房产评估价值的70%，贷款期限一般不超过5年，最长可到10年。贷款利率按照中国人民银行规定的同期商业贷款利率执行，归还贷款的形式有利随本清、按月还本付息等方式。

（3）办理贷款的流程：

办理现房抵押贷款：首先，借款人要找评估机构进行房产价值评估，取得评估机构出具的《房产评估报告》。其次，夫妻双方到场提交上面的资料并签订房地产抵押合同。第三，借款人与银行签订借款合同。第四，银行审核通过后发放贷款。最后，借款人分期或一次性偿还贷款并取消房产抵押拿回房产证。

办理期房抵押：借款人凭购房预售合同、预交款收据、夫妻结婚证，到银行签订购房借款合同，银行审核通过后发放贷款，房产证下来后由银行保存，借款人偿还贷款后到银行办理解除贷款并取回房产证。

需要提醒的是，办理贷款虽然可以解决短期问题，但是要充分考虑自己的未来收入和还债能力，避免抵押的房子收不回来等问题。

◎案例分析

农村集体土地不可擅自用于商品房开发

某开发公司同某乡合作开发了一块属于乡级所有的农村集体土地。公司出钱、乡政府出地，建造了100多栋二层“洋房”公开销售，吸引了许多城市居民前去购买。集体土地可以进行“商品房”开发公开销售吗？

分析：这种“商品房”的开发及销售均系违法行为，不具有法律效力，其房屋销售合同为无效合同。理由是：(1)根据我国《土地管理法》的规定，任何单位和个人建设需要使用土地的，必须依法申请使用国有土地。建设占用土地，如是农用土地转为建设用地的，必须办理农用地转用审批手续；(2)农用地的转用必须符合土地利用总体规划，在已批准的农用地转用范围内，具体建设项目用地应由市、县人民政府批准，并依法办理土地征用、补偿手续；(3)根据我国《城市房地产管理法》规定，集体所有土地经依法征用转为国有土地后方可有偿出让，即交纳入地出让金；(4)没有商品房预售许可证的项目严禁市场销售，城市居民购买农民房不受法律保护。

提醒：(1)购买商品房一定要查询该项目是否具有《商品房预(销)售许可证》，有了此证，表明国有土地使用证、规划许可证等四证齐全，此房可以办理房屋所有权证；(2)事先可到房地产交易所官方网站查询，若网上未登记备案，则不要购买。

宅基地买卖中的纠纷

2005年，张某(为城镇户口，并不是信某村人)在咸阳市某乡信某村购买李某的宅基地及之上的房屋。2009年因为要拆迁，村上召开会议，宣布相关征地事宜。关于李某宅基地及之上的房屋确定给李某拆迁补偿。张某给村上及拆迁部门说明情况，要求直接接收预定给李某的补偿，但是处理结果并不如张某所愿。

分析：本案涉及的核心问题有两个：一是张某和李某签订的房屋买

卖合同是否合法；二是张某的损失如何赔偿。

律师认为：对于第一个问题，《中华人民共和国土地管理法》第六十二条规定：农村村民一户只能拥有一处宅基地，其宅基地的面积不得超过省、自治区、直辖市规定的标准。农村村民建住宅，应当符合乡（镇）土地利用总体规划，并尽量使用原有的宅基地和村内空闲地。农村村民住宅用地，经乡（镇）人民政府审核，由县级人民政府批准；其中，涉及占用农用地的，依照本法第四十四条的规定办理审批手续。农村村民出卖、出租住房后，再申请宅基地的，不予批准。张某为城镇户口，并且不是信某村人，不符合法律规定的购买农村宅基地的资格，所以张某和李某签订的合同无效。

对于第二个问题，既然张某和李某的合同无效，李某应当归还张某购房款，并支付利息损失，其他直接损失也应当赔偿。

第五章　贵重物品

贵重物品是家庭财产中相对价值比较大,且具体实物又比较小的物品。随着农民家庭资产的不断增加,每户家庭都存在有价证券、珍贵物品、重要证照等贵重物品的保管问题。本章讲述家庭贵重物品的分类、保管及其安全注意事项。

第一节　家庭贵重物品的分类

就家庭或个人而言,具有共性的主要有如下贵重物品:

1. 有价证券:现金、存折、信用卡、银行卡、国债、国库券等。

2. 重要证照:户口簿、房产证、土地使用登记证、身份证、结婚证、护照、签证、毕业证、学位证、资格证与获奖证书等。

3. 珍贵物品:珠宝、首饰、名表、字画、古董、珍贵礼品、祖传物品。

4. 重要物品:备用车钥匙、房门钥匙、私章、公章、执照等。

5. 重要文件:各种契约、购房合同、购车合同、贷款合同、保险单、贵重商品的票据、保修单等。

对一般农村家庭来说,贵重物品一般主要是存折、土地使用登记证、房产证、借据、玉器、宝石、金条、首饰、邮票、名人字画等体积比较小的物品。

第二节 家庭贵重物品的保管

犯罪分子入室行窃的主要目标是便于携带或易于销赃的现金、各类有价证券、金银首饰、古董书画，以及电视机、电脑、电冰箱等中高档商品。因此，保管好现金、储蓄存单、各种有价证券和上述贵重物品，可以防止和尽量避免家庭被盗，或最大限度地减少损失。那么，怎样才能保管好各种贵重物品和现金、有价证券呢？

1. 怎样安全存放珍贵物品

贵重物品的安全存放。电视机、录像机、照相机之类的贵重物品对我们每个家庭来说，都是积攒多年才购买的，所以来之不易。您在完善必要的家庭防盗设施的同时，还要把贵重物品保管好，预防万一。

（1）贵重物品留下标记。在世间，有些相同的贵重物品成千上万，为了表明该物品属于自己，最好您在一些无标志贵重物品的不明显处，做一个只有自己或自己家人知道的特殊记号，也可先拍照留底；有些贵重物品自身带有号码，如果您家里的贵重物品属于这一类，只要将号码记下来就行了。这样，万一被盗，您在报案时可提供被盗物品留有的标记（或号码），作为万一失窃后的指认证据，那时利于查找、确认，今后还有希望再找回来。

（2）在家安装个保险箱。一般家里可购置一个保险箱，固定在比较隐蔽的地方，将小件金银首饰、有价纸质证单存放在保险箱内，这样相对比较安全。家用保险箱的常见安装方法，主要有两种形式：

第一种方法是直接安装，是最简单的安装方法，就是按照保险箱后面的或下面的孔在墙上用电钻打孔，然后用膨胀螺丝固定即可。这种方法对商家来说采用得最多也最简单，但这种方法安装的保险箱一般都暴露在外面，如果遭遇窃贼的话还是有一定的风险的。

第二种方法就是砌墙安装，即把保险箱搁置在墙体内部。又分为半嵌入式安装和全嵌入式安装。全嵌入式安装对墙体的厚度及牢固性都有很高的要求，也是一般情况下不考虑推荐的一种方法，除非当初建房子的时候给安装保险箱预留了合理的位置。而半嵌入式安装，就是把保险箱整体部分中分出一些嵌入墙内，露出的部分用适当的家具或装饰品遮挡，这种方法要求比较低，对房屋装修的伤害也较小。

要尽量安装在卧室内，墙体选择要注意：非承重的墙体、无电线线路的墙体、不与邻居相邻的墙体、墙体厚度不能少于保险箱的厚（深）度；安装位置的确定要考虑方便维修保养和儿童不易触及。

（3）条件许可装报警器。如果在窗户和门口设置红外幕帘防盗报警器，当有人以非正规手法进入你家里的时候，或一旦犯罪分子触及到您家里的贵重物品时，报警器就会自动报警给你，邻居或者小区保安则会在第一时间听见报警声，会立即赶过去协助，这样至少可以阻吓犯罪分子，免遭盗窃。

（4）委托存放比较安全。贵重物品租个银行保管箱是保障家庭财产安全的理想方式。保管箱是由银行为企业和个人提供的一项代理保管业务，由金融部门在金库等安全场所设置大小不等的“保险箱”。居民只要持有效身份证件，便可以方便地办理贵重物品保管业务，并可根据个人需要，随时全部或部分取出保管物品。如果客户无法亲自存取保管箱中的物品，还可以在办理保管手续时，指定代理人，然后由代理人凭客户本人的身份证件、代理人身份证件和保管箱钥匙办理存取事宜。

租赁保管箱作为一种现代化的保管方式，安全措施相当严密。个人保管箱有两道安全锁，一般只有客户和银行保管人员同时在场，方能开启。有的银行还应用了活体指纹电脑识别系统，如果不是客户亲自操作，任何人也难以打开。另外，保管场所由银行保卫人员昼夜值班，各种监控、远红外线自动报警、110 实时联网等安全保障措施一应俱全，并且具有防火、防潮、防磁等设施。为了确保安全，银行一般还规定保管箱禁止存放易燃、易爆、有毒和易腐蚀等危险物品。因此，相对于家庭来说，保管箱的安全问题可以说“天衣无缝”。在银行租赁一个保管箱，根据其大小，收费一般在每年100元至500元，具体可电话咨询。

2. 怎样安全存放有价单据

家中一定不要存放大量现金，紧急周转的巨款也尽量别在家里过夜。玉器、宝石、金条等珍贵物品可寄放银行保险箱。家中最好配备小型保险箱，存放简单的贵重物品。

（1）正确填写存单。如果您家中有闲置的现金，又不马上使用的话，存入银行既安全，又可给您带来利息。但您储存时在银行应留下真实姓名、地址、印鉴及身份证号码，便于存单被盗、丢失或毁坏后去银行挂失。

（2）证单分开存放。在贮藏存单时，不要与身份证件放在一起。银行存折、信用卡、身份证、股票股东卡等可以作为取款依据的物件，被小偷偷走后能轻易取出现金。因此不要将户口簿、身份证、工作证等本人身份证件与有价单据放在一起。否则，如有失窃，盗贼即可用您的证件轻而易举地从银行提取存款。到那时，银行是不会承担任何责任的，您后悔也就晚了。

（3）做好单证记录。银行存单、国库券、企业债券等有价证券，同样是盗窃犯罪分子袭击的主要目标。因此，最好把您的银行存单、国库券、企业债券等有价证券在一个记录本上记下每张单据的户名、存储银行、日期、金额、期限及存单号码。这样不仅能随时查看到期日期，如果发生失窃、丢失等情况，也便于报警和挂失。

（4）定期检查存单。存单要隔一段时间检查一次，看看是否受潮、霉变、虫蛀等，如有损坏，要及时与银行联系。同时也可查检存单有否丢失、被盗。

第三节　家庭防盗建议

1. 全家外出防窃建议

不论是城镇居民还是农村家庭，在生活中总有应酬需要，去串个门，或者晚上全家外出去听戏看电影。这样，您家里只能唱空城计了。尤其是一些小夫妻，每逢周末要去父母家看看，家里就常常失守。应该怎么防范呢？

（1）在离家前要关好窗，锁好门。再跟比较可靠的邻居说一声，请他们关照一下，留点心。

（2）别忘了将窗帘拉上。最好在室内点上瓦数小、耗电省的电灯。这样，盗贼如果发现您家亮着灯一般不会轻易来作案。

（3）如果您能想出既能省钱又能使盗贼觉得您家里有人的办法，那就更好，比如开着半导体收音机。

2. 家庭防窃注意事项

（1）日常待人接物不宜夸耀财富，切记“财不外露”。

（2）家庭电话要尽量对外保密，非留联系方式时可留手机号码。

（3）若贵重物件遗失，一定要在第一时间赴相关机构（如银行）挂失，并随即报警。

（4）家庭贵重物品，安全保障比使用方便重要。千万不要只图方便，而忘记财物的安全。

（5）通常小偷都持有凶器，若发现有人潜入，除非有十成把握，要避免与对方正面冲突。抓小偷一定要机智应对，切勿惊慌，要首先确保人身安全。

（6）打报警电话。

报警要就近、及时拨打110。

报警既要简洁、扼要，又要准确、具体。所以报警时，要说清出现情况的具体地点与案情概况。并如实回答接警员的提问。

报警一定要实事求是，不要夸大事实，以免影响报警服务平台正确判断警情性质，影响处置。

不能随意、恶意拨打报警电话。若无报案需求，以报警电话取乐、报假案、滋扰报警服务台正常工作的行为人，公安机关将根据治安管理处罚条例相关规定，给予批评教育、警告、罚款、以至治安拘留的处罚，情节特别严重者将依法追究其刑事责任。

◎案例分析

家财被盗未及时报案，保险公司拒赔

李某出差回家后，发现家庭财产被盗。于是，他迅速到派出所报案。经公安人员现场勘查，发现有1万多元的财物被盗走。10多天后此案还没告破，这时李某才想起自己参加了家庭财产保险。于是，他急匆匆手持保单来到保险公司要求索赔。保险公司以在出险后未及时通知为由拒赔。

分析："及时通知"是指被保险人应尽快通知保险公司，以便及时到现场勘查定损。家财险案件应在24小时内通知保险公司。李某家庭财产被盗后，虽然及时向公安部门报了案，却忽视了向保险公司报出险通知，使本该履行的及时通知义务迟延履行。

启示：目前，家庭财产保险已成为城乡百姓首选的一大险种，其覆盖面较广。此案给我们参加家庭财产保险的被保险人带来三个警示：一是要树立家财出险后"及时通知"的意识，做到处事不慌。在向公安部门报案的同时，也要向保险公司报险，做到"两报"都不误。这样保险公司人员就可及时进行现场核实定损，为后期理赔奠定基础。二是家财出险后，要注意在24小时内到保险公司"报险"，以免超过规定时效而引发双方在理赔中的纠纷。三是要注意通知的方式。出险后，被保险人要迅速找出保单，亲自去所投保的保险公司"报险"，或者打电话及时告知保险公司。只有这样,才能避免上文中李某的后果,使家庭财产得到有效保障。

第四节 贵重物品的典当

典当行是个非常古老而又新兴的行业,典当行是专门从事典当活动的企业法人,其最大功能是“救急不救穷”。典当为急需用钱的客户提供一种便利融资的渠道,无论多么有钱的富人,还是刚刚起步的商人,都有资金周转不开的时候,这时,典当就可以为您提供一定的便利性。

1. 什么是典当行

所谓典当,是指当户将其动产、财产权利作为当物质押或者将其房地产作为当物抵押给典当行,交付一定比例的费用,取得当金,并在约定期限内支付当金利息,偿还当金,赎回当物的行为。

典当行是介于银行和民间借贷之间的行业。比银行的手续简单,快捷,灵活;比民间借贷资金安全,更有保障。典当行贷款与银行贷款的主要区别:

典当行只做有担保物的贷款;银行可以做信用贷款,但典当行不可以。

典当行审贷快,一般当天受理,当天或两天内放款;银行审贷严格,放款慢,大概要一个月甚至更久。

银行收费一般年利息6.8%左右,典当行年化利率在60%左右。

2. 典当行业务

《典当管理办法》是国家商务部、公安部2005年第8号令正式颁布,2005年4月1日起施行。正规的典当公司是经国家政府部门批准设立,公安部门监管的公司。

目前典当行办理的主要业务,依据典当行服务对象及贷款用途的角度划分,大致包括以下三种。

一是应急型典当。当户融资的目的是为了应付突发事件,如天灾人祸、生老病死等。如某农户遇到急需用钱的突发事件,在没有其他办法的情况下,为解燃眉之急,迫不得已去用自己的金银首饰、家用电器等贵重物品进行应急典当,以取得典当行的押款实现临时周转。所以大部分老百姓的典当行为是属于应急型典当。

二是投资型典当。当户融资的目的是为了从事生产或经营,如做生意用钱、上项目调头寸等。这类当户通常是个体老板、一些中小企业。他们往往利用手中闲置的物资、设备等,从典当行押取一定量的资金,然后投入到生产或经营中,将死物变成活钱,利用投融资的时间差,获得明显的经济效益。

三是消费型典当。当户融资的目的既不为应急也不为赚钱,而纯粹是为了满足某种生活消费,如出差典当些路费、旅游典当些零花钱。这类当户通常是少数富裕阶层,他们并不缺钱,但却十分看好典当行对当物的保管功能,故常在外出之前将贵重物品送至典当行,索要资金不多,只图典当行贮物安全。

与老百姓联系最多的业务除了房产和车辆外主要就是民品了。民品业务包括黄金、K金、铂金、钻石、珠宝、玉器、名表、皮草、电脑、照相机、摄像机、数码产品及电子产品等等贵重物品。这些物品不仅可以做"活当"(活当是指将物品押在典当行,然后按月交利息有钱时还可以赎回来),还可以做"绝当"(绝当指将物品直接卖给典当行)。

(1)抵押,是指用本人的不动产(商铺、住宅、厂房、车库等等)作为抵押物进行典当的一种业务。

(2)质押,是指用本人的动产(机动车辆、珠宝首饰、家用电器设备、有价证券等等)作为抵押物进行典当的一种业务。

3. 办理典当手续

各地典当行办理的手续和要求不完全一样,但去典当行办理典当,除带上当物和物品说明书、发票外,本人身份证是必要证件(这是公安部门规定查验的)。

当票是主合同。在有些典当行，对小件民品办理典当质押无需签订合同，可直接开当票；房（地）产办理抵押要签订房产抵押担保合同和房产抵押借款合同，或者合二为一为抵押担保借款合同；办理公证、抵押登记手续，然后再签发当票；汽车质押签订汽车质押借款合同，办理质押登记手续，然后签发当票。

典当合同有规定的格式与条款（内容），典当权人（质押权人，简称甲方）应认真阅读。

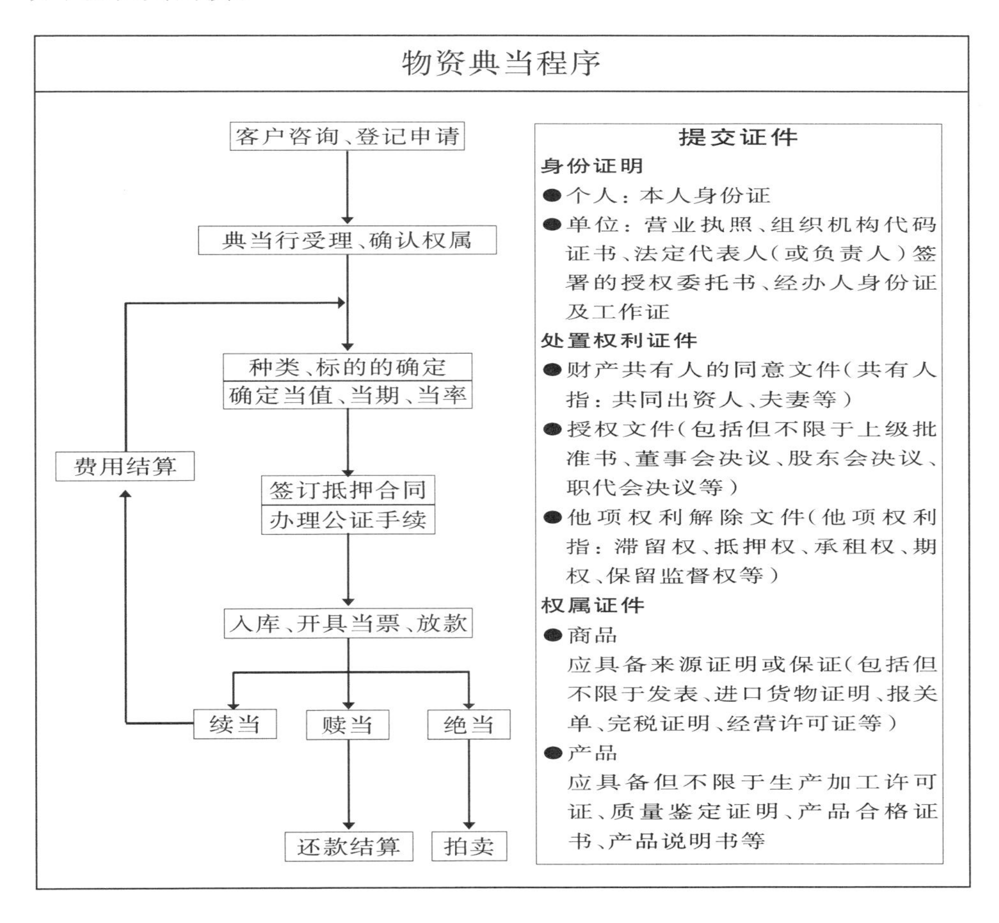

4. 典当注意事项

（1）典当行主要针对"急用钱，短期周转不开，但有还款能力"的人而设的。想要用钱，但您还想赎回自己的典当物品，一定要确定自己可以按时交纳当金、利息及相关费用，否则自己的心爱之物也要成为绝当物品。

（2）典当行不是回收中心，也不是二手货交易市场，他给你的价位不会高于你直接卖给二手货市场的卖出价位。所以做“绝当”须要三思。所谓绝当物品，就是典当通常的当期比较短（如一个月），若到期后当户没有及时办理赎当或续当业务相关手续而过期，典当物被视为绝当物品，典当行有权处理典当物品。

（3）记准典当日期，及时办理相关业务，不可掉以轻心；在典当期内若有当票丢失等现象，要及时带自己的相关证件，到典当行办理挂失手续。

（4）民间文物、古玩等贵重物品，因不具备准确权威的真伪与价值认证，且很难鉴定估价，需要估价师进行鉴定，谨防低估物品价值。金银首饰等当物如有票据（发票）可成为估值依据，也会适当提高典当的价格。

（5）找一家公安部门监管的正规典当公司，办理好相关的合法手续，切勿贪图方便或小利而留下后患。

（6）谨防典当诈骗。在典当行，主要是认真看清典当行合同中的条款、日期、金额等等，小心文字游戏出现的诈骗。在网上典当行，小心对上传文物、古董、字画等照片办理鉴定证书与鉴定费用的诈骗。

◎案例分析

张某，因家人看病急需3万块钱，向典当行抵押汽车（车值5.9万元）当期为一个月。2月1日至29日终。当时共签了4张合同（二手车买卖协议、借据、委托授权书、买卖承诺书），并且张某的身份证和车辆产权证等一系列证件都在乙方（典当行）手里。

由于张某当时情急没细看二手车买卖协议（合同第3项条款“如超过约定期限3日，买方可任意处置交易车辆”），且因张某个人手机丢失，以及工作等原因未在2月29日前赎回，晚了6天（3月6日）才回来。

乙方已在合同到期时以没有联系到张某为由而把汽车看成“绝当”给卖了。

据张某讲，他的汽车在二手市场估价在3.5万。事后他想向典当行索取那5000元。

分析：双方协议有法律效力，张某无充分理由索取5000元。因为张某过错不属不可抗力，且价格相差也没有太悬殊。如果价格相差很大，则可到律师事务所咨询。

第六章　宅基地与承包地

民法通则规定了土地属劳动群众集体所有,也就是说农民个人、家庭并不享有土地所有权。但是因为农民个人、家庭依法享有对土地的使用权,并且使用权在一定的法定范围内是允许流转的,所以在使用权这个范畴内,土地也成为了个人、家庭的“财产”。土地是农民安身立命之本,经营好土地这种家庭“财产”,即在土地使用权保全的基础上使土地产生最大的经济效益,是农民朋友十分关注的重大问题,更是社会和谐的基础保证。

第一节　农村家庭土地概述

农村家庭土地可分为两类:一是承包地,二是宅基地。

1. 承包地

(1)农村集体经济组织成员有权依法承包由集体经济组织发包的农村土地,即承包地。承包者依法享有承包地使用、收益和土地承包经营权流转的权利,有权自主组织生产经营和处置产品;承包地被依法征用、占用的,有权依法获得相应的补偿;承包者享有法律、行政法规规定的其他权利。同时承包方承担下列义务:维持土地的农业用途,不得用于非农建设;依法保护和合理利用土地,不得给土地造成永久性损害;以及法律、行政法规规定的其他义务。

(2)承包地的经营流转权。通过家庭承包取得的土地承包经营权可以依法采取转包、出租、互换、转让或者其他方式流转。流转应当遵循平等协商、自愿、有偿的原则，任何组织和个人不得强迫或者阻止承包方进行土地承包经营权流转。

土地承包经营权流转的主体是承包方。承包方有权依法自主决定土地承包经营权是否流转和流转方式。承包期内，发包方不得单方面解除承包合同，不得假借少数服从多数强迫承包方放弃或者变更土地承包经营权，不得以划分“口粮田”和“责任田”等为由收回承包地搞招标承包，不得将承包地收回抵顶。

土地承包经营权流转的转包费、租金、转让费等，应当由当事人双方协商确定。流转的收益归承包方所有，任何组织和个人不得擅自截留、扣缴。

土地承包经营权采取转包、出租、互换、转让或者其他方式流转，当事人双方应该签订书面合同。采取转让方式流转的，应当经发包方同意；采取转包、出租、互换或者其他方式流转的，应当报发包方备案。

（3）承包地的承包期限规定。国家依法保护农村土地承包关系的长期稳定，承包期内，发包方不得收回承包地。

承包期内，承包方全家迁入小城镇落户的，应当按照承包方的意愿，保留其土地承包经营权或者允许其依法进行土地承包经营权流转。承包期内，承包方全家迁入设区的市，转为非农业户口的，应当将承包的耕地和草地交回发包方。承包方不交回的，发包方可以收回承包的耕地和草地。承包期内，承包方交回承包地或者发包方依法收回承包地时，承包方对其在承包地上投入而提高土地生产能力的，有权获得相应的补偿。

对于承包期限，农村土地承包法规定，耕地的承包期为三十年，草地的承包期为三十年至五十年，林地的承包期为三十年至七十年，特殊林木的林地承包期，经国务院林业行政主管部门批准可以延长。

农村土地承包法还规定，任何组织和个人侵害承包方的土地承包经营权的，应当承担民事责任。承包合同中违背承包方意愿或者违反法律、行政法规有关不得收回、调整承包地等强制性规定的约定无效。

◎案例分析

承包地“去留与否”有“前提条件”

近年来，随着城市化进程加快，一些农民迁入小城镇落户，还有一些人员因种种原因户口“农转非”，这部分人的土地承包经营权该如何处置？是收回还是保留？按照正在征求意见的物权法草案，这取决于农民所进之“城”的“属性”如何。

2003年，四川省一姓杜的农民家庭，全家4口都迁入小城镇落户。为此，集体要收回他们的承包地和自留地。杜先生不想交，还想经营或找人代耕，不知是否可以，特意给有关部门写信咨询。

草案摘录：对承包期内的承包地，发包人不得收回。承包期内的土地承包经营权人全家迁入小城镇落户的，应当按照土地承包经营权人的意愿，保留其土地承包经营权或者允许其依法进行土地承包经营权流转。承包期内的土地经营权人全家迁入设区的市，享有城市居民社会保障待遇的，应当将承包的耕地和草地交回发包人。土地承包经营权人不交回的，发包人可以收回承包的耕地和草地。承包期内的土地承包经营权人交回承包地或者发包人依法收回承包地，土地承包经营权人对其在承包地上投入而提高土地生产能力的，有权获得合理补偿。

点评：显然，物权法草案对农民迁进城镇后是否应该交回承包地，确定了两种情况。一是像杜先生一家这样迁入小城镇，依照规定可以不交出承包地，杜先生可自主经营，也可找人代耕。另外一种是，有些人家全家从农村迁入设区的市，户口也转为非农业户口了，并享受城市居民的社保待遇，原来承包的土地就应该依法交回发包方，对拒绝交出承包地的，发包方有权收回承包的耕地和草地。

草案将承包的土地视为农民基本的社会保障，此举在更好保护农村土地承包人的经营权利和基本社会保障的同时，也有效地避免了土地的闲置与浪费，以及“农转非”过程中双重享受社保待遇带来的不公平。

承包地转让并非自己说了算

1998年4月，赵某与村委会签订了一份土地承包合同，将村里闲置的20亩耕地承包下来种粮食，承包期为10年。后由于赵某做生意，无心经营承包田，便于2002年11月，未经村委会同意，擅自将承包的20亩耕地转让给好友王某，并与之签订书面合同。村委会得知后，与赵某交涉无果，将赵某诉至法院，要求解除合同，并要求其赔偿损失。

草案摘录：赵某未经发包方村委会的同意，私自决定将自己承包的耕地转让给他人，赵某与王某签订的土地承包转让合同应认定为无效合同。依据《中华人民共和国合同法》第五十八条的规定，合同被确认无效后，因该合同取得的财产，应当予以返还，有过错的一方应当赔偿对方因此所受到的损失，双方都有过错的，应当各自承担相应的责任。

分析：本案中赵某违反法律规定转让土地承包合同，主观上有过错，理应承担违反承包耕地合同的违约责任，而且还应赔偿由此给村委会造成的经济损失。可见，承包地转让不能自己说了算，转让时一定要征求发包方意见，否则，到时吃苦的还是自己。

2. 宅基地

（1）宅基地简介。宅基地是指农村村民的住房、附属用房（厨房、禽畜舍、厕所等）、沼气池（或太阳灶）和小庭院（或天井）用地，以及房前房后少量的绿化用地。

农村宅基地是仅限本集体经济组织内部符合规定的成员，按照法律法规规定标准享受使用，用于建造自己居住房屋的农村土地。宅基地只能分配给本村没有宅基地并符合宅基地申请条件的村民，不能卖给非本集体组织的其他人。宅基地是农村的农户或个人用作住宅基地而占有、利用本集体所有的土地。包括建了房屋的土地、建过房屋但已无上盖物或不能居住的土地以及准备建房用的规划地三种类型。宅基地的所有权属于农村集体经济组织。

（2）农村宅基地标准。依据《中华人民共和国土地管理法》第六十二条的规定：农村村民一户只能拥有一处宅基地，其宅基地的面积不得超过省、自治区、直辖市规定的标准。

原有宅基地超过标准的，应当根据村庄、集镇建设规划逐步进行调整，调整前可以按临时用地管理。村庄、集镇建设需要时，超过标准部分必须退回，并不予补偿。

禁止在超过用地标准的住宅用地上建永久性建筑物。

农村村民出卖、出租住房后，在当地再申请住宅用地的，不予批准。

（3）农村宅基地使用权。农村居民在法律允许范围内对宅基地的占有、使用、收益的权利即为农村宅基地使用权。

我国法律规定，农村宅基地农民个人没有所有权，只有使用权。农村居民新建住宅应当向农村集体经济组织或者农村村民委员会提出申请，经过乡镇人民政府审核，由县级人民政府批准，并且不得转让、出租或抵押。但如果国家建设需要征用土地，或者根据乡村的土地利用规划、村镇规划需要改变土地用途，或村民宅基地的实际使用面积过大，远远超过当地规定标准的，经过村民代表大会或村民大会讨论通过，报请乡（镇）人民政府审查、同意，基本核算单位有权调剂或重新安排使用。但应对原有宅基地的建筑物和树木等给予合理赔偿，不得平调。

（4）农村宅基地使用申请程序。农村村民建住宅需要使用宅基地的，应向本集体经济组织提出申请，并在本集体经济组织或村民小组张榜公布。公布期满无异议的，报经乡（镇）审核后，报县（市）审批。经依法批准的宅基地，农村集体经济组织或村民小组应及时将审批结果张榜公布。相关的申请条件由于各省的规定有些出入，具体还要到当地的土地部门进行咨询后才能确定，总的程序和步骤就是上面所述。

（5）农村宅基地使用权转让。农村宅基地使用权，是指农村居民在法律允许范围内对宅基地的占有、使用、收益的权利。

法律对农村宅基地使用权转让作出的规定。《物权法》第一百五十三条规定：“宅基地使用权的取得、行使和转让，适用土地管理法等法律和国家有关规定。”而《土地管理法》第六十二条第三款规定：“农村村民出卖、出租住房后，再申请宅基地的，不予批准。”这并非对宅基地使用权转让的禁止，仅是对农民宅基地分配申请资格上的限制。

农村宅基地是否可以继承。宅基地的所有权和公民私房的所有权是分离的，宅基地的所有权属于国家或集体，私房的所有权属于私房产权人。宅基地的使用权不属遗产，不能被继承，但公民继承了房屋，宅基地的使用权也就随着房屋而转移给新的所有人。这也只是具体执行国家的行政法规，而不是继承的结果。

农村宅基地超出规定面积是否违法。宅基地的面积标准为（各省有不同的具体标准）：使用耕地的，最高不超过一百二十五平方米；使用其他土地的，最高不超过一百四十平方米；山区有条件利用荒地、荒坡的，最高不超过一百六十平方米。

◎案例分析

农村宅基地及房屋买卖纠纷

案例一：2002 年 12 月 30 日，陆某将某村 378 号占地面积为 106 平方米的两层房屋以 140660.00 元的价格转让给乐某，双方签订了房屋转让协议及补充协议。

乐某买回房屋后，拆除两层旧房屋，重新建盖了 5 层楼，2009 年，昆明的城中村改造即将拆迁某村，乐某的 5 层楼将得到 200 多万的拆迁补偿，正值乐某高兴之时，陆某将乐某起诉到昆明市盘龙区人民法院，请求依法确认原被告之间所签的房屋转让协议及补充协议无效并返还昆明市盘龙区某村 378 号房屋且要求诉讼费用由被告全部承担。

争议焦点：

1. 双方签订的房屋转让协议及补充协议是否有效？

2. 农村土地宅基地使用权及房屋是否可以转让，权属归谁？

3. 如果房屋转让协议及补充协议转让无效，会产生什么样的法律后果？

适用法律：

1.《物权法》规定已经登记的宅基地使用权转让或者消灭的，应当及时办理变更登记或者注销登记。

2.《中华人民共和国土地管理法》，农村村民出卖、出租住房后，再申请宅基地的，不予批准。农村村民迁居拆除房屋后腾出的宅基地，必须限期退还集体，不得私自转让。

3. 农村村民建住宅需要使用宅基地的，应向本集体经济组织提出申请，并在本集体经济组织或村民小组张榜公布。公布期满无异议的，报经乡（镇）审核后，报县（市）审批。各地都建立健全和完善动态巡查制度，切实加强农村村民住宅建设用地的日常监管，及时发现和制止各类土地违法行为。重点加强城乡结合部地区农村宅基地的监督管理。严禁城镇居民在农村购置宅基地，严禁为城镇居民在农村购买和违法建造的住宅发放土地使用证。

案例二：在20世纪60年代，某村聘用了部分民办代课教师在村里任教，后因为无房屋居住，当时的大队划拨了部分宅基地给这部分人作为住宅地。但随着国家的体制改革，这部分民办教师，已先后转为国家正式教师或者国家机关工作人员，且全家户口也随之农转非。此外，有部分村民房屋占用范围内的土地面积已超出了省规定的用地标准。

疑惑：

1. 原聘用代课教师的房屋占用的土地，其性质是否属于集体所有？

2. 对于农村村民房屋占用范围内的超标土地，应当怎样进行登记？

分析：

对于第一个问题，首先应该明确的是土地所有权的性质不因使用权人身份的转变而转变，集体所有的土地转为国家所有唯一合法途径为国家征收。本案中，代课教师的住宅所占用的土地并未被国家征收，所以，土地所有权仍是集体所有。本案中代课教师已经转为国家工作人员，且全家户口都已经农转非，不再是本集体经济组织成员，这部分人不再拥有宅基地使用权。但是，由于宅基地上的房屋依旧存在，这些人仍依法享有对宅基地上房屋的所有权。所以，这些人在房屋存续期间，可以确定享有房屋所在集体土地的集体建设用地使用权。土地使用权人可以申请土地登记，并办理《集体土地使用权证》。同时，因这些人不具有宅基地使用权，应在登记中注明上述房屋不得进行翻建、重建，在房屋因坍塌或拆除等原因灭失后，集体土地建设用地使用权自动灭失。

对于第二个问题，宅基地超过当地政府规定的面积，在《村镇建房用地管理条例》施行后未经拆迁、改建、翻建的，可以暂按现有实际使用面积确定集体土地建设用地使用权。同时，可在土地登记卡和土地证书内注明超过标准面积的数量，以后分户建房或现有房屋拆迁、改建、翻建或政府依法实施规划重新建设时，按当地政府规定的面积标准重新确定使用权，其超过部分退还集体。

第二节　家庭土地"财产"保全

1. 土地使用权转让

土地使用权转让是指土地使用者将土地使用权再转移的行为，包括出售、交换和赠送。土地使用权的转让是不动产物权的转让，该行为除可能涉及合同法的诸多规定外，还具有不动产物权变动的各项特点，包括：

（1）土地使用权与地上建筑物、附着物一同移转

依中国现时法律，建筑物和其他定着物、附着物均附属于土地，土地使用权转让，地上物一并转让。

（2）权利义务一同转移

这里的权利义务，是指土地使用权从土地所有权分离时出让合同所载明的权利义务及其未行使和未履行部分。如土地的用途，出让合同约定为住宅用地，无论该地块的土地使用权经过多少次转让，均不因为转

让而变成其他用途。至于土地使用权的年限,应以出让合同设定的年限减去转让时已经使用的年限,其得数视为出让合同尚未履行之权利与义务,在转让土地使用权时随同转让。

(3)土地使用权的转让需办理变更登记

中国现行立法对物权变动采取登记要件,即土地使用权转让合同的签订并不直接意味着土地使用权的移转,土地使用权的移转以登记为要件,转让合同中的受让人不是在转让合同签订以后,而是在土地使用权依法登记到受让人名下以后方取得土地使用权。

(4)土地使用权转让的方式

《城镇国有土地使用权出让和转让暂行条例》第十九条规定有出售、交换和赠与三种方式。后《城市房地产管理法》第三十六条将转让的方式规定为买卖、抵债、交换、作价入股、合建、赠与或继承等。

2. 土地流转

(1)农村土地流转

农村土地流转是指农村家庭承包的土地通过合法的形式,保留承包权,将经营权转让给其他农户或其他经济组织的行为。农村土地流转是农村经济发展到一定阶段的产物,通过土地流转,可以开展规模化、集约化、现代化的农业经营模式。农村土地流转其实指的是土地使用权流转,土地使用权流转的含义,是指拥有土地承包经营权的农户将土地经营权(使用权)转让给其他农户或经济组织,即保留承包权,转让使用权。

当前农村土地流转的主要类型为土地互换、出租、入股、合作等方式。流转土地要坚持农户自愿的原则,并经过乡级土地管理部门备案,签订流转合同。

(2)土地流转要注意的问题

土地流转不规范,普遍存在民间化、口头话、短期化、随意化问题。

目前农村土地流转普遍存在“三多三少”现象,即亲戚朋友流转的多,专业大户流转的少;转包、出租或代耕的多,转让的少;口头协商多,文字协议少。

农地流转民间化：农地流转往往是在熟人、亲戚、朋友之间进行，而不是通过市场进行交易。

土地流转口头化：农地流转没有签署任何协议或合同，而往往是流转双方的一种口头约定。很大一部分流转是在口头约定的情况下进行的，这导致流转的期限不明确，交易双方权利义务不清晰。

土地流转短期化：农地流转往往都在1年之内进行流转，超过1年的很少。据抽样调查表明，44.1%的农户流转期限在1年之内，流转期限不超过5年的有57.5%，而长期流转的仅有1.4%。

土地流转随意化：农地流转不确定性强，不受约束，容易引发矛盾。安徽、湖南、四川等省流转期限不确定的比例均超过60%。有的即便签订合同也不遵循一定的程序以及履行必要的手续，存在着手续不规范、条款不完备等问题，缺乏法律保障，造成土地流转关系的混乱，对耕地的保护和管理带来了很大的困难。

（3）土地流转保全措施

鼓励创新土地流转形式。鼓励承包农户依法采取转包、出租、互换、转让及入股等方式流转承包地。本集体经济组织成员享有土地流转优先权。以转让方式流转承包地的，原则上应在本集体经济组织成员之间进行，且需经发包方同意。以其他形式流转的，应当依法报发包方备案。

严格规范土地流转行为。土地承包经营权属于农民家庭，土地是否流转、价格如何确定、形式如何选择，应由承包农户自主决定，流转收益应归承包农户所有。流转期限应由流转双方在法律规定的范围内协商确定。没有农户的书面委托，农村基层组织无权以任何方式决定流转农户的承包地，更不能以少数服从多数的名义，将整村整组农户承包地集中对外招商经营。防止少数基层干部私相授受，牟取私利。

土地流转用途管制。坚持最严格的耕地保护制度，切实保护基本农田。严禁借土地流转之名违规搞非农建设，严禁在流转农地上建设或变相建设旅游度假村、高尔夫球场、别墅、私人会所等。严禁占用基本农田挖塘栽树及其他毁坏种植条件的行为。严禁破坏、污染、圈占闲置耕地和损毁农田基础设施。坚决查处通过“以租代征”违法违规进行非农建设的行为，坚决禁止擅自将耕地“非农化”。利用规划和标准引导设施农业发展，强化设施农用地的用途监管。采取措施保证流转土地用于农业生产，可以通过停发粮食直接补贴、良种补贴、农资综合补贴等办法遏制撂荒耕地的行为。在粮食主产区、粮食生产功能区、高产创建项目实施区，不符合产业规划的经营行为不再享受相关农业生产扶持政策。合理引导粮田流转价格，降低粮食生产成本，稳定粮食种植面积。

3. 土地租赁

土地租赁简介。土地租赁是某一土地的所有者与土地使用者在一定时期内相分离，土地使用者在使用土地期间向土地所有者支付租金，期满后，土地使用者归还土地的一种经济活动。

租赁方式。由于在土地使用权出租中，土地使用权及地上建筑物、其他附着物所有权不发生转移，承租人以支付租金为代价取得对土地及地上建筑物、其他附着物一定期限使用的权利，期限通常较短，投资相对较少，方便灵活，出租人则通过承租人支付的租金收回投资，因而土地使用权出租十分普遍，具体形式也有多种多样。

租赁政策。《中华人民共和国土地租赁法》明确规定了农民集体所有的土地的使用权不得出让、转让或者出租用于非农业建设；但是，符合土地利用总体规划并依法取得建设用地的企业，因破产、兼并等情形致使土地使用权依法发生转移的除外。从农业用地转为建设用地需首先经过政府的土地征收程序将农村用地转为建设用地后才可以用于商业用途，要经县级土地部门审批。

近年来，一些农村社队、国家企事业单位等，违反国家法律规定，买卖、租赁集体所有和国家所有土地的情况不断发生。在一些城市郊区，这个问题尤为突出。一些农村社队把土地当作商品买卖、租赁，捞取大量钱款和物资。有的土地租金每亩每年几百元、几千元、上万元,有的出卖土地每亩可得款几千元,甚至几万元。还有的私下议定条件,以租赁、买卖房屋的方式,租赁、买卖良田菜地,或者采取"联合建房""联合办厂""联合建造仓库"等方式,达到侵占土地的目的。这是严重违犯宪法的行为。

第三节 承包地"经营"的利益保全

1. 低价流转土地的绝招

(1)了解土地的性质及类型

土地性质千万别选错:土地性质一般分为一般耕地、基本农田、未耕地,不同土地性质,价格不同,所能从事的经营项目也不同。

土地如何变废为宝?荒地、山地、盐碱地等土地类型不同,可开发利用程度不同,价格也不同。

地理位置很重要:土地地理位置不同,周边环境不同,未来升值空间不同。

(2)从谁的手里流转最划算

从农户手里流转,流转期限为农民第二轮承包经营权的剩余年限。

从村集体流转土地，采取反租倒包的模式，让村集体重新发包给你，流转期限最长为30年。

（3）如何规避土地流转的陷阱

弄清土地用途，规范土地合同，以免引起纠纷，赔钱。

2. 抓准当前土地“经营”的新机遇

（1）规模农业的商机。在耕地面积相对固定的情况下，如何保证粮食增产？这就为规模农业带来了商机。通过发展规模农业，极大降低农业经营成本，同时为农业产业化带来了更好的支撑，通过现代化的生产工具进行规模劳作来改变我们的农业生产方式。毫无疑问，2015年规模农业将成为重中之重。

（2）创意农业与休闲农业的商机。农地入市后，将会迎来新一轮的城市人口迁移，会有更多的人选择在三线、四线城市购房养老，随着老人和小孩的数量激增，以休闲、创意为主的体验式农业将获热捧。

（3）农业地产的商机。随着城市人口激增，城市用地已接近饱和，相对来说，农村地产尚待开发。随着规模经营的展开，势必会带动农村经济，并逐渐向现代农业转型过渡。在这一过程中，势必会产生职业农民、农业经营者、农业技术人员等住宅需求，再加上休闲农业、旅游农业的住宿需求，为农村地产提供了商机。

（4）工商资本投资农业的商机。农垦改革将释放大量土地资源，一方面土地资源入市后或将缓解目前土地流转价格居高不下的怪圈；另一方面大量的土地资源放出也为工商资本带来致富机遇，同时也为农业企业、合作社、家庭农场提供优越的市场合作机会和前景！同时，土地确权和农村法治建设也为合作社、家庭农场、农业企业等农业经营主体提供了经营保障。

3. 申领政府农业补贴

（1）享受直接补贴及农业保险

粮食直补、良种补贴、农机具补贴、对农业生产资料价格进行综合补贴、粮食风险基金，每年再逐步提高补贴的标准。新增补贴向粮食等重要农产品、新型农业经营主体、主产区倾斜，加大农业保险支持力度，鼓励开展多种形式的互助合作保险。

（2）享受农业用水、用电及其他补贴

农业项目按规定享受农业用电、用水政策，同时，可以向林业局申请林木补贴，向水利局申请发电机、变压器等，向发改委及财政局申请基本的建设补贴。

（3）享受农产品加工流动政策

包括降低农产品生产流通环节用水电价格和运营费用，规范和降低农产品市场收费，强化零售商供应商交易监管，完善公路收费政策，加强重点行业价格和收费监管，加大价格监督检查和反垄断监管力度，完善财税政策，农产品产地初加工支持政策，鲜活农产品运输绿色通道政策，生鲜农产品流通环节税费减免政策。

（4）税收减免政策

农业公司依法享受税收减免政策，同时，合作社销售社员生产的农产品，免征增值税。一般纳税人从合作社购进的免税产品，可按13%的扣除率计算抵扣增值税进项税额。对农民合作社向社员销售的农膜、种子、种苗、化肥、农药、农机免征增值税。对合作社与社员签订的农产品和农业生产资料购销合同，免征印花税。

（5）享受林业类惠农补贴

分乔木林、木本油料林、灌木林、水果、木本药材、新造竹林，每亩补助标准不一。

第七章　财产继承与分割

自给自足的小农经济向市场经济的转型中,伴随着传统的农民大家庭向现代的核心家庭(一对夫妇及其子女组成的家庭)转变。这个过程中产生了财产继承、财产分割等问题。本章就家庭财产的继承、分割、赠予转让等相关问题进行讨论。

第一节　家庭财产继承中的法律问题

1. 什么是"法定继承"

法定继承是指在被继承人没有对其遗产的处理立有遗嘱的情况下,由法律直接规定继承人的范围、继承顺序、遗产分配的原则的一种继承形式。

法定继承有以下基本特征:

第一,法定继承是遗嘱继承的补充。法定继承虽是常见的主要的继承方式,但继承开始后,应先适用遗嘱继承,只有在未有继承遗嘱或不适用遗嘱继承时才适用法定继承。因而,从效力上说,遗嘱继承的效力优先于法定继承,法定继承是对遗嘱继承的补充。

第二,法定继承是对遗嘱继承的限制。我国《继承法》中规定,遗嘱应当对缺乏劳动能力又没有生活来源的继承人保留必要的遗产份额。因此,尽管遗嘱继承限制了法定继承的适用范围,但同时法定继承也是对遗嘱继承的一定限制。

第三,法定继承中的继承人是法律基于继承人与被继承人间的亲属关系规定的，而不是由被继承人指定的。从这点上说，法定继承具有以身份关系为基础的特点。

第四，法定继承中法律关于继承人、继承的顺序以及遗产的分配原则的规定是强行性的，任何人不得改变。

2. 什么是“继承第一顺序”

我国《继承法》第九条规定了“继承权男女平等”。第十条规定了法定继承顺序：“遗产按照下列顺序继承：第一顺序：配偶、子女、父母。第二顺序：兄弟姐妹、祖父母、外祖父母。”又同时具体规定了继承的时间次序：“继承开始后，由第一顺序继承人继承，第二顺序继承人不继承。没有第一顺序继承人继承的，由第二顺序继承人继承。”

《继承法》同时规定了子女、父母、兄弟姐妹的适用概念。《继承法》

明确指出："本法所说的子女,包括婚生子女、非婚生子女、养子女和有扶养关系的继子女";"本法所说的父母,包括生父母、养父母和有扶养关系的继父母";"本法所说的兄弟姐妹,包括同父母的兄弟姐妹、同父异母或者同母异父的兄弟姐妹、养兄弟姐妹、有扶养关系的继兄弟姐妹"。

第一顺序继承人与被继承人之间存在着法定的、无条件的扶养和赡养的义务关系。在被继承人死亡时,享有法定的继承权。

3. 什么是遗嘱继承和遗赠

遗嘱继承又称"指定继承",是按照被继承人所立的合法有效的遗嘱而承受其遗产的继承方式,与法定继承相对。其中,依照遗嘱的指定享有遗嘱继承权的人为遗嘱继承人,生前设立遗嘱的被继承人称为遗嘱人或立遗嘱人。

遗嘱继承有以下特征:

1	2	3	4
被继承人生前立有合法有效的遗嘱和立遗嘱人死亡是遗嘱继承的事实构成。	遗嘱继承直接体现着被继承人的遗愿。	遗嘱继承人和法定继承人的范围相同,但遗嘱继承不受法定继承顺序和应继份额的限制。	遗嘱继承的效力优于法定继承的效力。

遗赠,是指被继承人通过遗嘱的方式,将其遗产的一部分或全部赠

与国家、社会或者法定继承人以外的被继承人的一种民事法律行为。

《继承法》第十六条规定："公民可以立遗嘱将个人财产赠给国家、集体或者法定继承人以外的人。"遗赠是遗嘱继承的一种特殊形式。

遗赠与遗嘱继承的区别主要在于：

区别	遗赠	遗嘱继承
接受主体不同	法定继承人以外的人。	法定继承人中的一人或数人。
接收方式不同	知道受遗赠2月内明确表示接受，到期未表示的，视为放弃接受遗赠。	未明确表示放弃的，视为接受继承。明示或默许均可，有两年时效限制。
客体范围不同	只包括财产权利，不包括财产义务，不承担清偿债务的义务	不但享有接受遗产的权利，而且承担清偿债务的义务。
接受程序不同	遗赠受领人不直接参与遗产分割，从遗嘱执行人处获得遗赠的遗产。	遗嘱继承人要直接参与遗产分配。

4. 遗嘱形式有哪些

遗嘱人可以在法律允许的范围内，按照法律规定的方式对其遗产或其他事务作出个人处分，并于遗嘱人死亡时发生效力，这种处分行为就是遗嘱。

遗嘱人订立遗嘱的方式有公证遗嘱、自书遗嘱、代书遗嘱、录音遗嘱、口头遗嘱五种遗嘱形式，其中以公证遗嘱的证明力最高。

（1）公证遗嘱。公证遗嘱是指遗嘱人生前订立并经公证机关公证的遗嘱。由遗嘱人经公证机关办理。

（2）自书遗嘱。由遗嘱人亲笔书写，签名，注明年、月、日。

（3）代书遗嘱。应当有两个以上见证人在场见证，由其中一人代书，注明年、月、日，并由代书人、其他见证人和遗嘱人签名。

（4）录音遗嘱。以录音形式立的遗嘱，应当有两个以上见证人在场见证。

（5）口头遗嘱。遗嘱人在危急情况下，可以立口头遗嘱。口头遗嘱应当有两个以上见证人在场见证。危急情况解除后，遗嘱人能够用书面或者录音形式立遗嘱的，所立的口头遗嘱无效。

遗嘱人可以撤销、变更自己所立的遗嘱。立有数份遗嘱，内容相抵触的，以最后的遗嘱为准。

无论哪种遗嘱，都应该包括以下主要内容：

（1）立遗嘱人的姓名、性别、年龄、籍贯、住址等。

（2）立遗嘱的原因，要处理的财产的名称、数额，财产分割意见，有关继承人应得的具体数额，以及其他有关要求。

（3）立遗嘱人签字盖章，代书、录音、口头遗嘱还需要证明人、代书人分别签字盖章，最后署明立遗嘱时间。

5. 离异家庭子女对父母哪一方的财产具有继承权

离异家庭的子女对父母双方的遗产都有继承权，除非子女有伤害被继承人的事实。

如果形成了扶养关系，继子女对继父母也有继承权利。

父母离异不影响子女继承遗产的权利，子女有继承没有和子女共同生活的父母的遗产的权利。

第二节　合法合理地进行家庭财产分割

1. 什么是共有财产，什么是个人财产

家庭共有财产是指在家庭中，全部或部分家庭成员共同所有的财产。换言之，是指家庭成员在家庭共同生活关系存续期间共同创造、共同所得的财产。一个家庭要存在家庭共有财产，要具备两方面条件：一是有共同的劳动行为或受赠事实；二是家庭不仅由一对夫妻和未成年子女组成。

家庭共有财产具备以下特征：

1	2	3	4
以家庭成员间的共同生活关系的存续为前提。	只能产生于具备某种特殊身份关系的家庭成员之间。	家庭共有财产由家庭成员共享所有权。	家庭成员在共同生活期间的共同收入，共同接受赠与的财产，以及在此基础上购置和积累的财产。

夫妻个人财产是指依法或依当事人约定，夫妻婚后各自保留的一定范围内的个人所有财产。一般包括法定个人财产与约定个人财产，具体而言，包括婚前财产与婚后财产。

我国《婚姻法》规定，夫妻可以约定婚姻关系存续期间所得的财产以及婚前财产归各自所有、共同所有或部分各自所有、部分共同所有。约定应当采用书面形式。

没有约定或约定不明确的，即按照"夫妻关系存续期间财产共有，婚前财产及其他一些符合条件的属一方所有"处置。

2. 家庭财产分割有哪些原则

（1）男女平等。夫妻双方对其共同财产有平等的处理权和平等分割的权利。

（2）照顾无过错方。《中华人民共和国婚姻法》明确规定，对离婚有过错的一方，在处理财物时，应给予无过错方适当的补偿。

（3）有利生产，方便生活。对于夫妻共同财产中的生产资料，分割时不应损害其效用和价值，以保证生产活动的正常进行。对于生活资料，分割时应做到方便生活，物尽其用。

（4）保护妇女、儿童的合法权益。在分割夫妻共同财产时，既不能损害女方和子女的合法权益，还要看情况对女方和子女给予必要的照顾。

3. 离婚财产分割有哪些规定

离婚时，夫妻的共同财产由双方协议处理；协议不成时，由人民法院根据财产的具体情况，照顾子女和女方权益的原则判决。

夫或妻在家庭土地承包经营中享有的权益等，应当依法予以保护。

夫妻书面约定婚姻关系存续期间所得的财产归各自所有，一方因抚育子女、照料老人、协助另一方工作等付出较多义务的，离婚时有权向另一方请求补偿，另一方应当予以补偿。

离婚时，原为夫妻共同生活所负的债务，应当共同偿还。共同财产不足清偿的，或财产归各自所有的，由双方协议清偿；协议不成时，由人民法院判决。

第三节　家庭财产继承与分割中的利益保障

1. 财产分割协议怎么写

家庭财产分割一般应有书面协议，协议书包括首部、正文、尾部三个部分组成，格式如下：

首部

（1）标题。应写明“财产分割合同（协议）”或“分单”“分产契约”。

（2）当事人身份的基本情况。

正文

（1）分产的原因。

（2）具体分配方案。

尾部

立约人、见证人。分别签字、盖章，并注明立约的时间。

下面提供家庭财产分割协议书范本。

立约人：王大海，男，60岁，×族，身份证号码，农民，××乡××村人，现住××乡××村××号（系下列立约人之父）。

王平，男，32岁，×族，身份证号码，农民，××乡××村人，住地同上，系王大海之子。

王芳，女，28岁，×族，身份证号码，干部，家住××市××区××小区××号。系王大海之女。

见证人：赵××，男，50岁，××市人，现住××市××区××胡同××号。与立约人王××原系邻居。

立约人王大海妻子已经过世，共有一男一女，二子女均已结婚，现三人均表示愿意分家析产，改变过去共同生活的状态，各立门户。经协商，达成如下分产契约，并由邻居赵××作见证人。

（一）王大海随其儿子王平一起生活。

（二）现有平房3间，归儿子王平所有，女儿王芳随其丈夫另住。

（三）现有家具归其儿子王平，家用电器中，熊猫彩电、组合音响、海尔冰箱、洗衣机归其儿子王平，录像机、摄像机各一台，归其女儿王芳。

（四）存款10万元，其女儿王芳分得2万元，儿子王平分得8万元。

儿子王平负担其父王大海日常生活费用。

（五）王大海如遇重病或其他意外，费用由其儿子王平和女儿王芳共同负担。

（六）以上所列各项，立约人完全同意，并有见证人作证。

立约人签字：王大海（父亲）王平（儿子）王芳（女儿）

见证人：赵 × ×

× × 律师事务所　　　　× × × × 年 × 月 × 日

2. 财产继承、赠予与转让的区别

继承。民法中的继承是一种法律制度，即指将死者生前的财产和其他合法权益转归有权取得该项财产的人所有的法律制度。

赠予。法律上指把自己的财产无条件地转移给他人；作为经济上的援助所给予的货币或财产。也作“赠与”。

转让。转让就是把自己的东西或合法利益或权利让给他人，有土地承包经营权、产权、债权、资产、股权、营业、著作权、知识产权转让等。

◎案例分析

分割房产讲究证据

周某（男）和甄某（女）是一对恋人。2011 年初，“小两口”在兰州城雁滩附近看中了一套商品房，计划用共同的储蓄 19 万元支付首付。甄某因工作需要出差了一个月，这期间周某独自一人办理好了所有的购房手续，并支付了 19 万元的首付。

不幸的是，甄某在出差期间结识了庆阳分公司的同事小贾，一见钟情。甄某申请调入庆阳分公司，并决定和周某分手，出售两人合买的房子折现，以便到庆阳另筑爱巢。

甄某要变卖房产，周某自然不能同意。无奈之下，甄某只好偷偷地拿出购房合同到中介公司出售。但由于合同上是周某的名字，没有一家中介能受理。甄某只好诉诸法律。由于购房合同是周某的名字，而且甄某又难以拿出有力的证据，证明是他俩共同积蓄买的，法院最终判房产归周某一人所有。

分析：恋人分手后房产究竟该归谁所有，如何解决分手后的财产纠纷呢？本案的关键是房产证上所署的购房人的名字到底是谁。如果是两个人合买的（即《购房合同》上签署了双方的名字），就共同享有，应属于共有财产的分割问题。按我国现行法律规定，共有财产分为两种：一种是共同共有，即共有人对共有财产不分份额地共同享受权利和承担义务，共同共有多存在于具有特殊关系的人之间，如夫妻、家庭之间；另一种是按份共有，即共有人按各自享有的份额对共有财产享受权利和承担义务。

提醒：本案中所涉及房屋是由周某个人名义买的（即《购房合同》上只有一个人的签名），那么房产就归个人所有。按照情理上来说，如果另一方也出钱了，应该归还另一方钱财，但前提条件是未签署购房合同书的一方必须拿出有力的证据证明其支付了其中的费用。如果没有证据的话，就无法收回房产（或钱、物）。

遗产继承与分家析产的区别

江萍与王锋系夫妻关系，双方生育一子王海、一女王艳。王海于1996年结婚并分家生活，王艳于1998年结婚。王锋于2009年去世。江萍与王锋在结婚时盖有房屋一套，2010年该房屋被拆迁，拆迁补偿款共计36万元被江萍和王海领取。王艳认为该拆迁补偿款属于家庭共有财产，其中应有其份额，遂将江萍与王海诉至法院，要求分家析产，即依法分割房屋拆迁补偿款36万元。

审理：江苏省宿迁市宿豫区人民法院审理认为，本案涉及分家析产和遗产继承两个法律关系。首先，该案涉及案拆迁款36万元是江萍与王锋的夫妻共同财产，而并非包含王海、王艳在内的家庭共有财产，故对于该36万元不应作为家庭共有财产进行分割，而是作为江萍与王锋的夫妻共同财产进行分割。其次，因王锋去世，导致与江萍夫妻共同共有关系解体，并产生遗产继承。在该拆迁补偿款36万元中，江萍享有该拆迁款中的18万元，王锋所享有的拆迁款中的18万元应作为王锋的遗产进行继承。再次，王锋的第一顺序继承人为原告王艳、被告江萍、王海，三人对于王锋的遗产18万元享有等额继承权利，即各继承6万元。据此法院判决如下：江萍、王海于本判决生效后十日内给付王艳6万元，驳回王艳的其他诉讼请求。

分析：

遗产继承与分家析产是属于两种不同的民事法律关系，应严格区分两者的界限，这不仅有利于保护夫妻个人财产，也有利于保护继承人的合法继承权利。

遗产是公民死亡时遗留的个人合法财产，夫妻在婚姻关系存续期间所得的共同所有的财产，除有约定的以外，如果分割遗产，应当先将共同所有的财产一半分出为配偶所有，其余的为被继承人的遗产。本案拆迁款36万元为夫妻共同财产，应将夫妻共同财产依法分割后，属于王锋的个人合法财产部分才能进行继承。

继承是指继承人按法律的规定或被继承人所立遗嘱继承被继承人遗产的行为。继承由享有继承权的各个继承人按照法律规定的继承顺序进行，或者按照被继承人的遗嘱进行。本案王锋的遗产为拆迁款的一半份额18万元，享有继承权的第一顺序继承人为原、被告三人，在无特殊情形下，三人应予等额继承即每人继承6万元，故法院对于原告的部分诉讼请求予以支持，判决二被告给付王艳6万元。

分家析产中包含两个概念，一个是“分家”，另一个是“析产”。分家是将一个较大的家庭根据分家协议而分成几个较小的家庭；析产指的是财产共有人通过协议的方式，根据一定的标准将共同财产予以分割，分属各人所有。导致分家析产的原因往往是因为大家庭成员间的纠纷、矛盾等原因不愿共同生活在一起，而对家庭中的共有财产进行分割处分的活动。

遗产继承与分家析产虽然都导致财产所有权发生变化，但是两者有原则上的区别,且分家析产中往往含有继承和分家析产两种法律行为,所以严格区分两者有着重要的意义。从上述遗产继承与分家析产的主要区别来看,本案应属于遗产继承,法院在此基础上认定原告王艳对拆迁款中的6万元享有继承权是正确的。

第八章　财产保险

说起保险，人们最熟知的是社会养老保险，它保障了我国每个公民的晚年生活。实际上，改革开放以来，我国的商业保险得到了飞速发展，它是社会养老保险的有益补充，它带给人们的保障涉及生老病死、吃穿住行、生产生活资料、劳动就业安全等各个细小领域。面对众多的保险公司和众多的险种，如何参与好保险，也是农民家庭财产安全不可忽视的重要知识。

第一节　家庭财产保险

1. 家庭财产保险的概念及意义

家庭财产保险简单地说又叫房屋财产保险，凡存放、坐落在某固定地址的房屋及其附属物都可以参加保险。

家庭房屋财产是人们最基本的消费资料，其使用时间长、价值大，当家庭房屋财产因遭受自然灾害和意外事故而发生损失时，由保险公司及时提供赔偿,就可帮助重建家园,安定生活,从而为其日常生产、生活提供安全保障。

2. 家庭财产保障范围

居住的房屋及室内财产,无论是台风、暴雨、雷击等自然风险,还是火灾、爆炸、盗抢等意外风险都可得到安全保障。家庭财产的保险金额也就是出现自然灾害或意外事故后获得保险公司赔偿的最高限额。保障内容及金额可以根据自家财产的大小自由选择。

保障项目	保险金额(赔偿限额)	保障范围
房屋	10万—500万元	保障由于火灾、台风、暴雨、泥石流等原因造成的房屋损失。房屋指房屋主体结构,以及交付使用时已存在的室内附属设备。投保房屋险,建议参考房屋市值,保额过低则可能无法获得足额赔偿。(备注:本保险所称的房屋为拥有合法产权的钢筋混凝土或砖混结构的住宅。茅屋及简易棚不属于保障范围)
房屋装修	5万—100万元	保障由于火灾、自然灾害、外界物体坠落或倒塌等原因造成的房屋装修损失。包括房屋装修配套的室内附属设备。
室内财产	2万—50万元	保障由于火灾、自然灾害、外界物体坠落或倒塌等原因造成室内财产损失。包括家用电器、家具、服装鞋帽、箱包、床上用品等。室内财产保额为家用电器、家具、服装鞋帽、箱包、床上用品保额之和。
附加盗抢综合险	2万—10万元	保障家用电器(包括事先约定的便携式电脑、移动电话、数码播放器、照相机、摄像机等便携式家用电器)、床上用品、家具、文体娱乐用品、门、窗、锁、现金、金银珠宝、首饰、手表等室内财产由于遭受盗窃、抢劫行为而丢失,经报案由公安部门确认后,可获得赔偿。便携式家用电器、现金、金银珠宝、首饰、手表为事先双方约定且认可,每次事故绝对免赔500元。

传统的家庭财产保险以基本险为主,即以自然灾害、火灾为保障范围的较多。投保一份房屋及装修价值30万、室内财产20万的家庭财产基本险,保险费也就50元左右。目前各家保险公司考虑人民生活消费水平的提高,保障需求也越来越高,出现了很多家庭财产组合产品,大部

分是在基本险的基础上附加盗抢综合险、附加用电安全险、附加水暖管爆裂险等。组合产品一般保障项目全面、保额事先固定、收费标准更趋优惠。目前各家组合产品的价格基本在200元、300元、500元、1000元等档次，具体可详细咨询各保险公司产品部。

3. 家庭财产投保理赔时常见问题

（1）房产证写的是我父母的名字，房子是自己和家人在住，是否可以买此保险？所有家人可以作为受益人么？

可以投保，在此情况下，建议被保险人写父母的名字。

（2）我是租房住，能买这个保险吗？

租房居住也是可以购买的。

（3）如果家里被偷了，电器什么的都要提供发票。如果发票都没了怎么办？

如果没有发票，理赔时可以提供能证明被盗物品确实存在的材料，例如：照片、维修单据、购买小票（收据）等。

（4）安装在房屋外的空调器和太阳能热水器等家用电器的室外设备如果遭暴雨、台风、冰雹、雷击等造成损失能否理赔？

可以理赔，是在家庭财产保险保障范围内的。

（5）安装在房屋外的空调器和太阳能热水器等家用电器的室外设备如果被盗抢能否理赔？

如果承保时附加了盗抢综合险保障的，就可以在此附加险范围内获得理赔。

4. 家庭财产理赔流程

保险公司提供一周7天×24小时报案理赔电话×××（如95511）。如您发生保险事故，请参照以下流程办理理赔：

1. 拨打 ××× 报案,保护好现场。	2. 准备好保险事故的相关照片、票据等资料,配合查勘人员现场查勘,认定财产损失程度。

3. 与理赔人员当场确认赔付金额的,提供有效的银行账户,足不出户即可完成理赔所需的所有流程。	4. 资料齐全,一般七个工作日内结案赔付。一万以下小额案件三个工作日即可结案赔付。 保险公司一般需要提供资料:保单、身份证复印件、损失清单、索赔申请书、发票或其他证明保险财产真实存在的资料,如照片等;出险的相关证明,如公安部门报案受理单等。

第二节　机动车辆(汽车、摩托车、拖拉机)、船舶等家庭交通工具保险

1. 机动车辆保险的概念及主要险种

机动车辆保险也称作汽车保险,简称车险。

机动车辆是指汽车、电车、电瓶车、摩托车、拖拉机、各种专用机械

车、特种车。

机动车辆保险具体可分交强险和商业险。商业险又包括车辆主险和附加险两个部分。商业险主险包括车辆损失险、第三者责任险、车上人员责任险、全车盗抢险。

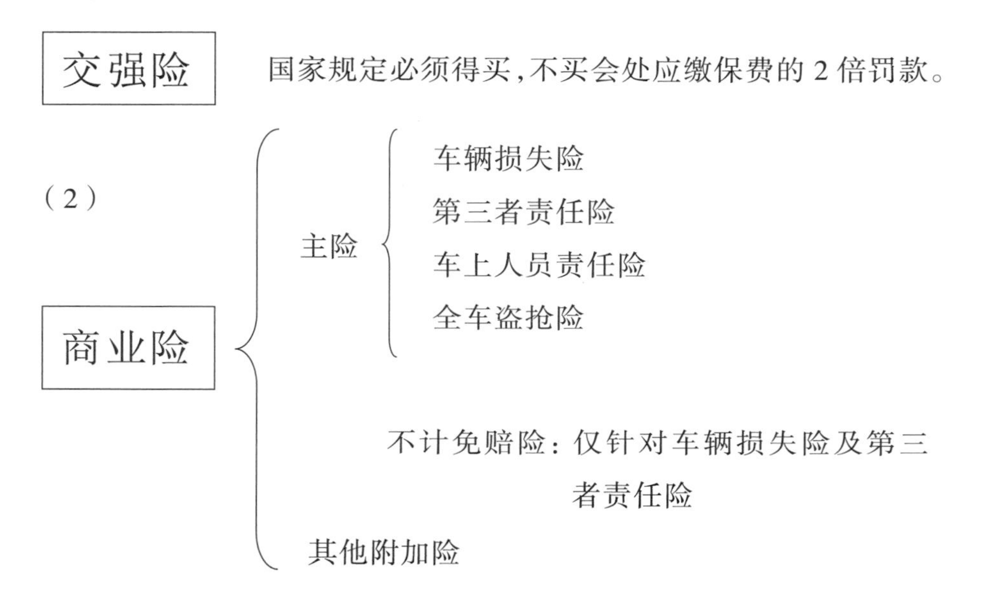

2. 机动车辆保险各险种赔偿责任、赔偿限额及收费标准

(1)交强险赔偿责任、赔偿限额及收费标准

交强险全称“机动车交通事故责任强制保险”是我国首个由国家法律规定实行的强制保险制度。有责时最高赔偿限额12.2万,无责时最高赔偿限额为1.21万,分项赔偿限额如下表所示。交强险保费按国家统一标准收取,各家保险公司都一样。如,6座以下私家车,保费950元。

交强险赔偿

有责任时

对方财产损失，最高赔偿 2000 元

对方医疗费最高赔偿 10000 元

对方死亡、伤残最高赔偿 110000 元

完全无责任时

对方财产损失，最高赔偿 100 元

对方医疗费最高赔偿 1000 元

对方死亡、伤残最高赔偿 11000 元

（2）商业第三者责任险赔偿责任、赔偿限额及收费标准

因为交强险在对第三者的医疗费用和财产损失上赔偿限额较低，为得到更大保障，在购买了交强险后仍可考虑购买商业第三者责任险作为补充。商业第三者责任险的赔偿限额（发生保险事故时可以获得的最高赔偿额）可以根据自身需要选择投保，其限额有 5 万、10 万、15 万、20 万、

30 万、50 万、100 万七个档次,第三者责任险保费 = 固定档次赔偿限额对应的固定保险费,保费按各家保险公司提供的费率表,根据车辆使用性质、限额标准选择确定。如浙商财产保险,6 座以下私家车,投保限额 50 万,保险费为 1631 元。

商业第三者责任险赔偿

(赔别人用)

(3)商业车损险的赔偿责任、保险金额(赔偿限额)及收费标准

商业车损险是对车辆使用过程中由于自然灾害或意外事故造成的车辆自身的损失负赔偿责任。这是车辆保险中比较主要的险种。投保此险种后,车辆碰撞后的自身车辆的修理费用可向保险公司进行索赔。

商业车损险的保险金额(赔偿限额)可根据投保车辆的新车购置价确定,一般情况下也可参照购置的发票价加成 110% 确定。目前,新车购置价一般由当地行业协会委托全国性精友网站提供统一的信息平台。

商业车损险保费可按保险公司提供的车损险费率表计算核定,计算公式:

车损险保费 = 基本保费 + 新车购置价 × 费率,以浙商财产保险为例,如购置价 20 万的 6 座以下私家车，其车损险保费 =566 元 +200000×1.35% =3536 元。

商业车损险赔偿

（赔自己车使用）

（意外事故）

（自然灾害，不包括地震）

（4）不计免赔险的赔偿责任、保险金额（赔偿限额）及收费标准

办理了本项特约保险的机动车辆发生保险事故造成赔偿，对其在符合赔偿规定的金额内按基本险条款规定计算的免赔金额，保险人负责赔偿。也就是说，办了本保险后，车辆发生车辆损失险及第三者责任险方面的损失，全部由保险公司赔偿。它的价值体现在：不保这个险种，保险公司在赔偿车损险和第三者责任险范围内的损失时是要区分责任的：若您负全部责任，赔偿 80%；负主要责任赔 85%；负同等责任赔 90%；负次要责任赔 95%。事故损失的另外 20%、15%、10%、5% 需要您自己掏腰包。

不计免赔险赔偿

（只有在同时投保了车辆损失险和商业第三者责任险的基础上方可投保本保险）

不计免赔特约险保费 =(车辆损失险保险费 + 第三者责任险保险费）×15%

以浙商财产保险公司为例，购置一台价值 20 万的 6 座以下新车：

不计免赔特约险保费 =（3536 元 +1631 元）×15%=775.05 元

（5）车上人员责任险的赔偿责任、赔偿限额及收费标准

车上人员责任险是负责赔偿保险车辆交通意外造成的本车人员伤亡。车上人员责任险算是车辆商业险的主要保险，它主要功能是赔偿车辆因交通事故造成的车内人员的伤亡的保险。

车上人员责任险的投保方式有两种，一种是按选择座位投保，一种是按照核定座位数投保。前者的费率一般规定为赔偿限额的 0.9%，后者为赔偿限额的 0.5%。一般每座位的赔偿限额为 1 万—5 万。选择核定座位投保，那么一辆 5 座私家车，投保限额 1 万 / 人，则保险费 =5 座 ×10000 元 ×0.5%=250 元。

车上伤亡人员按《道路交通事故处理办法》规定的赔偿范围、项目和标准以及保险合同的规定计算赔偿，但每人最高赔偿金额不超过每座赔偿限额，最高赔偿人数以投保座位数为限。

（6）全车盗抢险的赔偿责任、赔偿限额及收费标准

全车盗抢险是指保险车辆全车被盗窃、被抢劫、被抢夺，经县级以上公安刑侦部门立案侦查证实满一定时间（大部分为三个月）没有下落的，由保险人在保险金额内予以赔偿。全车盗抢险是附加险，必须在投保了车辆损失险之后方可投保该险种。

全车盗抢险的保险金额（赔偿限额）可在投保车辆的实际价值内协

商确定。实际价值指按投保时同种类型车辆市场新车购置价(含车辆购置附加费)减去该车已使用年限折旧后确定,当车辆的实际价值高于购车发票金额时,以购车发票金额确定保险金额(赔偿限额)。

全车盗抢险保费 = 基础保费 + 保险金额(赔偿限额) × 费率,具体以各家保险公司提供的费率表计算核定。一般一台实际价值 20 万的国产车,保险费约为 1800 元到 2000 元左右。

保险车辆全车损失的,按本附加险载明的保险金额赔偿,即:赔款 = 保险金额 ×(1 —免赔率);保险车辆部分损失的,按实际修复费用赔偿。

(7)其他附加险的赔偿责任、保险金额(赔偿限额)及收费标准

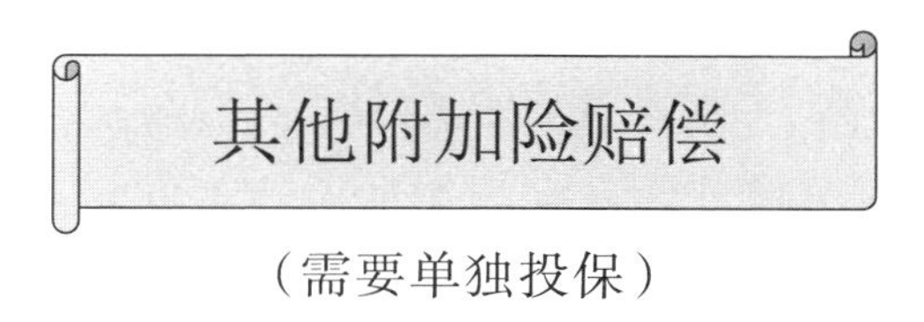

涉水险:指的是车主为发动机购买涉水险,保险车辆在积水路面涉水行驶或被水淹后致使发动机损坏可获得赔偿。涉水险的保费跟车身价格挂钩,一般 10 万元出头的车,保费在 200 — 300 元之间。如果因为涉水行驶造成发动机损坏,保险公司将按照实际损失的 80% 来赔偿车

主的损失,剩下 20%由车主自理。

自燃损失险:对保险车辆在使用过程中因本车电器、线路、供油系统发生故障或运载货物自身原因起火燃烧给车辆造成的损失负赔偿责任。

自燃损失险保费 = 本险种保险金额 × 费率。具体按各家保险公司提供的费率表计算确定。以浙商财产保险公司为例,保险金额 20 万的车自燃险保险费为 200 元。保险金额的确定可以是车辆的新车购置价,可以是投保时车辆的实际价值,也可以在新车购置价内双方协商确定。发生保险事故后,保险公司按照实际损失的 80% 进行赔偿。

划痕险:划痕险全称车身划痕损失险,家庭自用车辆、非营业车辆可投保,是指在保险期间内,保险车辆发生无明显碰撞痕迹的车身表面油漆单独划伤,保险公司按实际损失负责赔偿。划痕险是车辆损失险的附加险,即需要在投保了车辆损失险的情况下方可投保,不可单独投保。划痕险的保费并不高,一般在几百元左右。

大多数保险公司都只针对新购买的车或者两三年内新车承保。划痕赔付限额一般是 2000 元、5000 元。需要注意的是,划痕险是累计赔付的,也就是说如果投保的划痕险保额是 2000 元的,出险不限次数,但赔偿累计金额不能超过 2000 元,超过 2000 元保险合同就自动终止。此外,目前不少保险公司都对划痕险设置了免赔额,免赔率在 15% 到 20% 不等。

玻璃单独破碎险:是指保险车辆在使用过程中,发生本车挡风玻璃或车窗玻璃的单独破碎(不包括车灯、车镜玻璃),保险人按实际损失赔偿。本保险是车辆损失险的附加险,只有投保车辆损失的车辆方可投保本险。玻璃单独破碎险保费=新车购置价 × 费率,具体参照各家保险公司提供的费率表计算核定。一般价值20万的车,按国产玻璃承保,其玻璃单独破碎险保险费为380元左右。

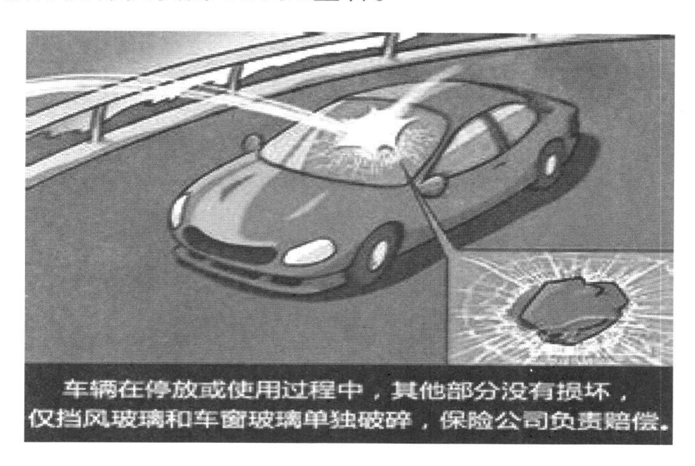

保险公司对玻璃破碎通常按实际损失赔付,投保时不需要确定保险金额,但您要确定按国产还是按进口玻璃投保,以便理赔时确定按何种玻璃赔偿。

3. 机动车辆保险理赔流程

(1)拨打报案电话。发生事故后立即拨打报案专用电话 ×××,理赔专员将根据您的出险情况,安排救助。

(2)事故勘察。查勘员为您提供一周7天×24小时现场事故勘察服务,确认事故保险责任、损失情况及费用,并推荐损失修复方案。

(3)确认损失修复方案。选择受损财产的修复方式,包括车辆维修厂选择等;符合快赔条件客户可走快速理赔通道搞定。

(4)修车。进行车辆维修,建议优先选择推荐的修理厂,优质便捷有保障。

(5)提交理赔资料。赔款金额1万元以下、纯车损,且没有让修理厂代办理赔的案件，可以享受上门代收理赔资料服务；其他车主可将资料提交至理赔网点柜面，进行审核。

（6）领取赔款。理赔资料经审核后，案件结案。通过网银、转账，将赔款支付给您，完成理赔。

4. 内河船舶保险的赔偿责任、保险金额（赔偿限额）及收费标准

沿海内河船舶是指在中华人民共和国境内合法登记注册从事沿海、内河航行的船舶（包括船体、机器，设备、仪器和索具）。内河船舶保险是保险公司对由于自然灾害和意外事故，造成船舶本身损失以及由此支出的合理费用进行赔偿的保险。

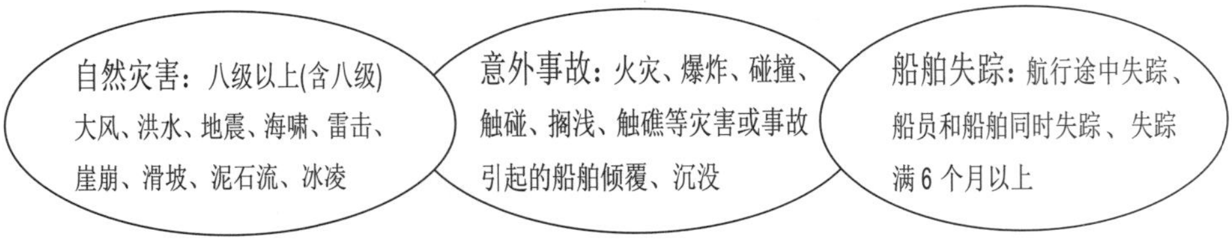

自然灾害：八级以上(含八级)大风、洪水、地震、海啸、雷击、崖崩、滑坡、泥石流、冰凌

意外事故：火灾、爆炸、碰撞、触碰、搁浅、触礁等灾害或事故引起的船舶倾覆、沉没

船舶失踪：航行途中失踪、船员和船舶同时失踪、失踪满6个月以上

内河船舶的保险金额（赔偿限额）按保险价值确定，也可以由保险双方协商确定。新船的保险价值按重置价值确定，旧船的保险价值按实际价值确定。重置价值是指市场新船购置价，实际价值是指船舶市场价或出险时的市场价。

内河船舶险保费 = 基础保费 + 保险金额 × 费率，可根据各保险公司提供的费率表计算核定保险费。一般价值100万的内河船舶保险费在6000—8000元左右。

第三节　农副产品保险

1. 什么是农副产品

农副产品是由农业生产所带来的副产品，包括农、林、牧、副、渔五大产品，具体又可分为粮食、经济作物、竹木材、工业用油及漆胶、禽畜产品、蚕茧蚕丝、干鲜果、干鲜菜及调味品、药材、土副产品、水产品等若干

大类。

2. 什么是农副产品保险

农副产品保险也叫农业保险，是对农民在种植业、林业、畜牧业和渔业生产中因遭受自然灾害、意外事故、疫病、疾病等保险事故造成的财产损失进行赔偿的保险活动。

3. 农副产品的保障范围

因自然灾害、意外事故、疫病、疾病等保险事故造成的财产损失均属农副产品的保障范围。

4. 农副产品常有哪些保险种类

常见的种植业保险：粮食作物保险（包括稻谷保险、小麦保险、玉米保险、大豆作物保险、其他粮食作物保险），经济作物保险（包括棉花保险、油料作物保险、糖类作物保险、烟草保险、其他经济作物保险），其他作物保险（包括蔬菜作物保险、饲料作物保险、塑料大棚蔬菜种植保险），水果和果树保险，林木保险。

5. 如何组织参加农业保险

可以由农民、农业生产经营组织自行投保，也可以由农业生产经营组织、村民委员会等单位组织农民投保。

农民或者农业生产经营组织投保的农业保险标的属于财政给予保险费补贴范围的，由财政部门按照规定给予保险费补贴。国家鼓励地方人民政府采取由地方财政给予保险费补贴等措施，支持发展农业保险。

6. 农业保险的保险金额、赔偿限额及国家财政补贴比例

在现阶段，参保对象主要针对有一定规模的种养大户，重点推进农业龙头企业、种养大户和各类专业合作组织参保。

农业保险的保险金额、赔偿限额以及国家财政补贴等因地区、品种的不同而各异，如浙江省农业保险对生猪养殖的财政补贴比例为85%，鸡养殖为65%，淡水养鱼为45%，蔬菜大棚为55%，小麦大麦为93%，林木为75%等。

◎**案例分析**

2014 年 1 月，某养猪大户老朱给自己的养猪场投保了生猪养殖保险，他的养猪场养育肥猪一年出栏头数为 2000 头，每头的参保金额为 500 元，浙江省生猪保险的基础费率为 4.5%，财政补贴为 85%，同年 7 月，老朱的养猪场因为洪水袭击被冲走 800 头。那养殖户老朱 2014 年要支出的保险费应该是多少？遭受洪水袭击后养殖户老朱能得到保险公司多少赔偿？

分析：

养殖户老朱 2014 年要支出保险费 6412.5 元。

计算公式：保险费 = 保险金额（参保金额）× 基础保险费率 × 投保数量系数 × 费率浮动系数

保险金额（参保金额）由投保人与保险人依据购买价格、饲养成本协商并在投保时载明。

总保险费 =2000 头 ×500 元 / 头（参保金额）×4.5%（基础费率）×0.95（投保数量系数）=42750 元，政府财政补贴：42750 元 ×85%=36337.5 元

个人自缴保费：42750 元 ×15%=6412.5 元。

上述案例中的基础费率由保险公司结合保障高低及地区风险因素确定，投保数量系数一般以大数法则为基础，投保数量越大保险费越优惠，费率浮动系数主要是结合以往历史赔付而确定，历史赔付高的，费率浮动系数就越高，保险费相对也越高。

遭受洪水袭击后养殖户老朱得到保险公司 19.8 万元赔偿。

赔偿金额 = 每头赔偿金额 ×（损失数量—免赔数量）

每头赔偿金额 = 尸重（公斤）* 参保金额 /100（元 / 公斤），若猪的体重超过 100 公斤，按 100 公斤计算。

赔偿款 =（800×50% — 4）×500 元 / 头 =198000 元。因洪水袭击，保险公司按冲走流失的 50% 计算损失，本案例保险公司一次事故免赔数量为 4 头。

第九章　谨防钱财诈骗

近年来,利用电话、手机短信和网络等方式实施的钱财诈骗犯罪活动十分猖獗。犯罪分子紧跟社会热点,精心设计骗局,针对不同群体编造虚假信息,步步设套,犯罪手段科技化,诈骗形式不断翻新,令人防不胜防,稍不小心便会上当受骗,造成不必要的经济损失。但是,只要大家提高警惕,绝大多数诈骗案件还是可以预防和避免的。

第一节　钱财诈骗的特征与类型

一、钱财诈骗的主要特征

各种钱财诈骗都有共同的犯罪特征。

一是犯罪分子往往会利用人的恐慌心理,制造紧张气氛,或贪图利益的欲望,提供盈利机会,或帮你解决正常合法的渠道无法解决的贷款、办理信用卡等一些个人需求。

二是犯罪分子往往会冒充公职人员,不停地变换角色得到你的信任，再步步设套，让你来不及辨别真假。

三是所有的事项都与钱有关，并催促你赶紧办理，以实现其诈骗钱财的目的。

二、钱财诈骗的常见类型

1. 电信诈骗

电信诈骗的手法很多。犯罪分子通过电话等电信渠道，冒充执法人员或相关部门工作人员进行诈骗。有虚假银行卡消费信息诈骗，以中奖名义进行诈骗，以办理无息、无抵押贷款名义进行诈骗，假冒汇款诈骗，谎称出售廉价二手车等大型设备进行诈骗，冒充熟人救急进行诈骗，虚假招聘、婚姻信息诈骗，房产、汽车等大宗消费退税诈骗，以快递或邮件为由进行诈骗，谎称电费、水费、电话费等欠费诈骗，电话购物诈骗，冒充黑社会诈骗，利用虚假炒股信息、预测彩票中奖诈骗，冒充电信局工作人员进行诈骗以及紧跟社会热点产生的其他诈骗等。

2. 网络诈骗

随着网络经济的迅速增长,网络交易安全问题也日益凸显,网络陷阱不断出现。犯罪分子利用网络实施的诈骗手法很多,有以购物为由实施的诈骗;或向上当者要求押金的诈骗;以“中奖”为由交税款的方式诈骗;冒充合法网站实施“购物”诈骗;网上”钓鱼“,套取信用卡密码的诈骗;以“网上交易游戏装备、私下买卖QQ”为由的诈骗;以假借网上提供“六合彩特码”或“网上注册看淫秽影片”的方式,实施“黑吃黑”式的诈骗;开设虚假网上“购物网站”,诱骗消费者操作获取账号、密码实施诈骗;网上冒充亲朋好友诈骗;以“招聘”为由,套取求职者信息,向其亲属实施诈骗;采用木马等黑客手段,获取网络用户的账号密码,操作用户的QQ,冒充同学、好友,以“帮忙汇款”等方式行骗;以虚假的网页网址假冒“银行网站”,诱骗客户使用,获取账号、密码;虚设“会员网站”,设置超低会费,诱骗他人加入,套取信用卡账号、密码实施诈骗等。

3.“接触”诈骗

与电信、网络诈骗不同,接触型诈骗是通过面对面的直接接触,而设计好的骗局。在农村小镇尤其要引起警惕,注意人身安全防范。

接触型诈骗有的利用迷信的手法实施。比如通过问路等形式故意在你面前谈论某人很灵,能化解灾难,同时找机会吓唬你家人有血光之灾,再让装神弄鬼的同伙把你的情况点破,使你相信,拿出钱物,然后进行调包诈骗。也有利用“中奖”手法诈骗。比如在公共场所当众把装有假中奖标志的香烟、饮料打开,声称中奖,几名同伙一起演戏,骗取群众上当出钱购买。还有通过“调包”手法进行诈骗。比如在车站、路边故意拾到“黄金”或钱包,引诱事主分钱或威胁事主拿银行卡到银行澄清,然后进行调包诈骗等。

三、牢记“三不一要”

不轻信。不要轻信来历不明的电话和手机短信,不管不法分子使用什么花言巧语,都不要轻易相信,要及时挂断电话,不回复手机短信,不给不法分子进一步布设圈套的机会。

现在犯罪分子用高科技的任意显号软件，可以使你看到的“来电显示”号码变成某些特殊号码，比如“95588”“10000”“10086”等。如果一旦涉及到电话告知转账、汇款等情况，必须通过各种途径确认通话对象。

不透露。巩固自己的心理防线，不要因贪图小利而受不法分子或违法短信的诱惑。无论什么情况，都不向对方透露自己及家人的身份信息、存款、银行卡等情况。如有疑问，可拨打110求助咨询，或向亲戚、朋友、同事核实。

不转账。当收到要求转账、汇款等电话或手机短信时，一定要提高警惕，千万不要拨打短信中的所谓的联系电话或陌生人提示的电话，绝不向陌生人汇款、转账，保证自己银行卡内资金安全，防止上当受骗。即使恰好你有汇款需求，也要通过自己熟悉人的电话或与相关部门核实相关信息，如本地的电信、银行等的服务电话。

要及时报案。发现被骗、发现有诈骗行为或电话内容可疑，要及时打110电话，向公安机关报警，并尽可能讲述清楚诈骗行为或可疑的内容，以便公安机关查处。只要提高警惕，加强自我防范，就能够防止上当受骗。

第二节　诈骗案例与警示

一、“电话欠费”诈骗

骗子假冒电信工作人员，通过随机盲打固定电话来虚构被害人“电话欠费”的信息，如果接电人有异议，就谎称其和其家人的银行存款信息被人盗用，已不安全，需要由公安民警来接受处理。

接着，骗子再提供虚假的公安部门电话或直接转接到由他们冒充的公安民警作应答，进一步确认其银行存款信息被盗用，以此来诱骗其提供全部银行存款数目等情况。

然后以存款转入公安部门提供的“安全账户”为由，指定被害人通过银行ATM机，将存款转存到指定的银行账号，其实质是利用转账方式将被害人钱款骗到手。

警示：公安机关（执法机关）在侦办案件当中确需冻结当事人银行账户的，会通过相关金融机构进行，即使需要采取保护措施，也会让当事人到当地的金融机构进行办理，而不会让当事人将存款汇到所谓的指定安全账户。

二、“骗取话费”诈骗

不法分子通过拨打“一声响”电话（响一声即迅速挂断的陌生电话），诱使您回电，“赚”取高额话费。或以短信形式发送“您的朋友13×××××××××为您点播了一首××歌曲，请你拨打9××××收听。”一旦回电话听歌，就可能会造成高额话费或定制某项短信服务。一旦您上当受骗，犯罪分子会从您的一次回拨电话中“吸”走几十元甚至上百元的高额话费。

警示：遇到此类情况，事主应不予理睬。

三、“通知退费、退税”诈骗

犯罪分子冒充税务、财政、车管所、汽车销售公司工作人员打您电话，称“国家已下调购车税、购房税，要退还税金”，让您到银行ATM机上转账。犯罪分子会让您按其电话提示操作，随后转走您卡上的钱。

警示：收到这样的信息后，当事人切勿盲目相信，可通过相关部门或大型的售车专营店咨询是否有相关的优惠政策，同时也要认识到网上交易可能存在的受骗风险。

四、“猜猜我是谁”诈骗

用电话联系事主，让事主猜其身份，冒充事主的亲友、战友、领导，套取事主资料。现发展到有一种手法直接叫事主的姓名，自称是阿×（冒充事主的亲友），电话换了等等，并称近期要来×地做生意、看望您。之后，嫌疑人电话联系事主再称在途中，因嫖妓、赌博、打架等原因被公安机关拘留，急需现金赎身；或谎称在外地急需用钱等理由骗取事主钱财；或称被人绑架索要或借钱(此类多为假扮事主的子女打电话向事主求救)。

警示：遇到此类情况，事主应提高警惕，问明事情的详细情况，通过其他途径获得执法地公安机关的电话，或拨打执法地公安机关110电话核实情况后，再作决定。如果是绑架的，直接向公安机关报案。

五、“汇钱救急”诈骗

不法分子通过网聊、电话交友、套近乎等手段掌握了受害人的家庭成员信息后，首先通过反复骚扰或其他手段骗使受害人手机关机，利用受害人手机关机期间，以医生或警察名义向受害人家属打电话，谎称受害人生病或车祸住院正在抢救，甚至谎称遭到绑架，要求汇钱到指定账户救急以实施诈骗。

警示：遇到这样的情形，千万不要急于汇款，应通过与亲友有联系的人了解其目前的情况，或通过公安、医院等部门和单位了解对方所说情况的真实性。如果一时无法确认信息的真实性，也尽量不要贸然汇款，而是搞清情况再说。对于盗取他人QQ账号冒充亲友进行诈骗的情况，当事人只需与亲友直接联系即可确认信息虚实。

六、“虚假中奖”诈骗

犯罪分子通过电话、网络、邮件等形式向您随机发送：“××公司举行手机号码抽奖活动，您的号码已获得奖金×万元，请致电××××××与领奖处某人联系。”或“我是××省公证处的公证员×××，恭喜您的手机或电话号码在××抽奖中了×等奖，奖品是小轿车一辆。”当您与上面所留电话联系时，会有人“核实身份确认中奖”，然后告诉您需要缴纳手续费、保证金、税费等费用。

警示：此类信息多为诈骗信息，当事人切勿盲目相信，须知天上不会掉馅饼。千万不要一时兴奋，就按照骗子设好的圈套汇钱，或提供自己的银行账号等重要信息。

七、"银联卡透支消费"诈骗

犯罪分子向您发送:"尊敬的银联卡用户:您于 × 月 × 日在 ×× 商场刷卡消费 ××× 元整,将在您的账户中扣除,如有疑问请咨询银联中心电话 ××××××。"当您拨打电话进行咨询时,几名分别冒充银联中心、公安工作人员的骗子将连环设套,要求您将银行卡中的钱款转入所谓的"安全账户"或套取您的账号、密码后转走您账上的钱款。

警示:遇到此类情况,首先应到相关银行进行咨询,确认自己的银行卡或信用卡是否真的出现问题,如果出现问题,最好在银行工作人员面对面的指导下直接进行处理,以免上当。

八、"ATM 机虚假告示"诈骗

犯罪分子预先堵塞 ATM 机出卡口,并在 ATM 机上粘贴虚假服务热线告示,诱使银行卡用户在卡被吞后与其联系,套取密码,待用户离开后到 ATM 机取出银行卡,盗取用户卡内现金。

警示:如果遇到机具吞卡或不吐钞时,不要轻易离开,请直接在原地拨打 ATM 所属银行的客服热线求助,待银行卡安全取出后再离开。取款结束,请不要随手丢弃交易单据,应妥善保管或及时销毁。

九、"无偿提供低息贷款"诈骗

"我公司在本市为资金短缺者提供贷款,月息 3%,无需担保,请致电 ××× 经理"。此类诈骗短信,是骗子利用在银根紧缩的背景下,一些企业和个人急需周转资金的心理,以低息贷款诱人上钩,然后以预付利息名义骗钱。

警示:遇到此类情况,事主要提高警惕,贷款应在正规银行部门申请,民间借贷要注意核实贷款方的相关情况后再作决定,对于先付利息再发放贷款的,原则上不要理。

十、"高薪招聘"诈骗

不法分子通过群发信息,以高薪招聘"公关先生""特别陪护"等为幌子,要求受害人到指定酒店面试。当受害人到达指定酒店再次拨打电话联系时，犯罪分子并不露面，声称受害人已通过面试，向指定账户汇入一定培训、服装等费用后即可上班。步步设套，骗取钱财。近期此类诈骗中又出现了“重金求子”的手段。

警示：收到此类信息后，一旦对方提出交纳所谓的保证金、抵押金，当事人应通过其他方式联系招聘单位或直接到招聘单位的人力资源部门进行询问，以免受骗。

十一、“引诱汇款”诈骗

不法分子以群发短信的方式，将“请把钱存到 ×× 银行，账号 ×××，× 先生”等短信内容大量发出。有的事主碰巧正打算汇款，收到此类汇款诈骗信息后，即可能未经仔细核实，将钱直接汇到不法分子提供的银行账号上。还有的事主因拖欠别人钱款，收到此类诈骗信息时，自认为是催款的，没有落实真实姓名，便匆匆把钱汇入该银行账号。

警示：破解这种诈骗手段最有效的办法就是汇款前同对方取得联系，确认账号，以免上当。

十二、“以销售廉价违法物品为诱饵”诈骗

发送短信内容为“本集团有九成新套牌走私车（本田、奥迪、帕萨特等）在本市出售。电话 ××××××。”此类骗术是利用人们贪便宜的心理，谎称有各种海关罚没的走私品，可低价邮购，先引诱事主打电话咨询，之后以交定金、托运费等进行诈骗。

警示：购买廉价违法物品属于违法行为。

十三、“丢卡”诈骗

嫌疑人自己制作所谓消费金卡，背面写有卡上可供消费的金额和联系网址、电话，并特意说明该卡不记名、不挂失。他们将这些金卡扔在一些大型商场、超市、高档娱乐场所的显眼处，如有人捡到卡，拨打卡上的联系电话或上网咨询，对方就会告诉事主要先汇款到指定账户，缴纳一定手续费进行“金卡激活”后才能消费，从而实施诈骗。

警示：不义之财莫贪念。

十四、代办“信用卡”诈骗

网上代办信用卡的中介机构越来越多，因不具备申办信用卡的条件而去依靠这些中介机构，给了犯罪分子以可乘之机，犯罪分子利用网络平台骗取客户信任，以为客户代办“信用卡”（假），收取高额费用等诈骗。

警示：因受银行额度限制，希望通过中介代办机构，拿到信用额度高的信用卡，以为找中介更加省事，其实自己也给了骗子机会。因此，市民申办信用卡应该走银行的正规渠道申请，以免被骗，并且个人的证件信息不要随意给他人，以免造成资金损失，还导致信用有污点，耽误今后贷款买房买车。

十五、冒充黑社会敲诈

不法分子冒充“东北黑社会”“杀手”等名义给手机用户打电话、发短信，以替人寻仇“要打断你的腿”“要你命”等威胁口气，使事主感到害怕，再提出“我看你人不错”“讲义气”“拿钱消灾”等迫使事主向其指定的账号内汇钱。

警示：遇到此类情况，事主应及时向公安机关报案。

十六、“邮寄包裹”诈骗

不法分子通过电话冒充执法部门或电信部门的工作人员告知事主有一“邮寄包裹”，某执法部门在包裹中查出违禁物品，要求事主交纳保证金等摆平此事。

警示：执法机关或电信部门如果查获“邮寄包裹”中有违禁物品，会直接通知当事人到单位接受调查，上门调查，执法人员会出示相关法律文书和证件，不会电话通知交所谓的保证金等。

十七、订退或转让票诈骗

不法分子通过互联网和手机短信发布订退和转让机票、火车票等虚假信息，以提供服务为幌子进行诈骗。

警示：目前航空、铁路部门在大中城市一般都设有多处售票点，应尽可能到专门的固定地点订退票。即使通过互联网购票,也要提前联系航空、铁路部门,进入其指定的网站进行购票,以防被骗。

十八、利用网络诈骗

1. 互联网购物诈骗。嫌疑人在网上设立虚假购物商店,以超低价吸引消费者。受害人与其联系后,嫌疑人便会以先交费再发货或者交纳押金、协调费等为由骗受害人汇款。

2. 网络中奖诈骗。受害人上网时会显示 QQ 中奖或网络游戏中奖,要获得奖金必须先交纳手续费、个人所得税等名目。

3. 网络荐股、帮忙购买股票诈骗。嫌疑人以帮助选股票付酬劳、收益分成或以帮受害人购买股票为由骗取受害人汇款。

4. 盗用 QQ 借款诈骗。犯罪分子通过黑客手段,盗用某人 QQ 后,分别给其 QQ 好友发送借款信息,进行诈骗。有的甚至在事先就有意和被盗者进行视频聊天,获取了被盗者信息。

5. 网上和电话交友诈骗。不法分子利用网络和报纸等刊登个人条件优越的交友信息(如:谎称自己为“款姐”或“富商”),在网络和电话沟通中,以甜言蜜语迷惑事主。后以在途中带给事主的礼物属文物被查扣为由让事主垫付罚款或保证金,或以自己新开店铺让事主赠送花篮等礼物为由,让事主向其同伙账号内汇款。

警示:支付宝与余额宝绑定,在提供支付便利的同时,也很容易被人利用,尤其是手机支付,风险更大。建议不要轻易点击店主以及陌生人发送的链接、压缩包,因为这些链接很有可能含有木马病毒,盗走余额宝及支付宝账号,并进行修改,盗刷账户资金。一旦发现余额宝等账上的钱被人盗取,立即联系支付宝和报案,保留相关网址、账户明细等。

对待此类诈骗,必须提高警惕,严防上当。具体要注意以下几点:

第一,不贪便宜。虽然网上购物比较便宜,但对价格明显偏低的商品还是要多个心眼,这类商品不是骗局就是以次充好。

第二,使用比较安全的安付通、支付宝、U 盾等支付工具,通过官方支付平台的正常交易流程进行交易,而不要怕麻烦采取银行直接汇款的方式。

第三,仔细甄别网站的真伪。那些克隆网站虽然做得惟妙惟肖,但若仔细分辨,还是会发现差别的。特别是那些要求您提供银行卡号与密码的网站更不能大意,一定要仔细分辨,严加防范,避免不必要的损失。

第四,千万不要在网上购买非正当产品,如手机监听器、毕业证书、考题答案等等,要知道在网上叫卖这些所谓的"商品",几乎百分百是骗局,千万不要抱着侥幸的心理,更不能参与违法交易。

第五,不要轻信以各种名义要求你先付款的信息,也不要轻易把自己的银行卡借给他人。你的财物一定要在自己的控制之下,遇事要多问几个为什么。

第六,提高自我保护意识。注意妥善保管自己的私人信息,如本人证件号码、账号、密码等,不向他人透露,并尽量避免在网吧等公共场所使用网上电子商务服务。

十九、假网名诈骗

犯罪分子利用人们对网址粗心或不熟的情况,编造与真网网页相近的界面、网址,一旦上错网,就会给消费者造成意外损失。

警示:进入消费的网页一定要看清网址;网站若举行抽奖活动,一定会通过阿里旺旺、店小二等类似官方方式通知会员,奖品直接送到会员账户内,无需会员提供账户和密码。

二十、"高收益集资"诈骗

近年来非法集资的手法花样翻新,公安机关在工作中主要发现有以下五种典型的手法实施诈骗。

第一种,"银行或P2P集资"。假冒民营银行的名义,借国家支持民间资本发起设立金融机构的政策,谎称已经获得或者正在申办民营银行的牌照,虚构民营银行的名义发售原始股或吸收存款。

第二种,"企业集资"。非融资性担保企业以开展担保业务为名非法集资。主要有两方面：一是发售虚假的理财产品，二是虚构借款方，以提供借款担保名义非法吸收资金。

第三种，“高新技术集资”。打着境外投资、高新科技开发旗号，假冒或者虚构国际知名公司设立网站，并在网上发布销售境外基金、原始股、境外上市、开发高新技术等信息，虚构股权上市增值前景或者许诺高额预期回报，诱骗群众向指定的个人账户汇入资金，然后关闭网站，携款逃匿。

第四种，“养老养生集资”。以“养老”的旗号诈骗，有两个突出的形式：一是以投资养老公寓、异地联合安养为名，以高额回报、提供养老服务为诱饵，引诱老年群众“加盟投资”；二是通过举办所谓的养生讲座、免费体检、免费旅游、发放小礼品方式，引诱老年人群体投入资金。

第五种，以高价回购收藏品为名非法集资。以毫无价值或价格低廉的纪念币、纪念钞、邮票等所谓的收藏品为工具，声称有巨大升值空间，承诺在约定时间后高价回购，引诱群众购买，然后携款潜逃。

警示：非法集资犯罪手法层出不穷，投资渠道要谨慎选择。投资者在投资过程中，既要考察有关企业是否合法注册，也要分析其承诺的高额回报是否合理，更要考察其吸收资金行为是否符合金融管理法律规定，不要被其耀眼的招牌、诱人的项目，特别是资金实力和高额的注册资本所迷惑。对极不靠谱的事，要高度警惕，谨防上当受骗。